知识产权出版社
全国百佳图书出版单位
——北京——

图书在版编目（CIP）数据

汉服穿搭指南 / 许威，唐侯翔，纪策著. -- 北京：知识产权出版社，2022.10（2024.8重印）
ISBN 978-7-5130-8393-5

Ⅰ.①汉… Ⅱ.①许… ②唐… ③纪… Ⅲ.①汉族—民族服装—服饰美学—中国—指南 Ⅳ.①TS941.742.811-62

中国版本图书馆CIP数据核字（2022）第187165号

内容提要

本书是一本集合了各种形制汉服的图集。汉服是我国的传统服饰之一，是传统文化不可或缺的载体。作者系统地介绍了自先秦至明的汉服款式及适用场合，图文并茂，内容涉及历史、文化、礼仪、审美等诸多方面，既有理论，又有实践，由表及里，帮助读者构建汉服认知体系，并学习在当代各礼仪场合中如何合理搭配和穿戴汉服。

本书适合汉服文化爱好者及相关从业者参考阅读。

责任编辑：卢媛媛　　　　责任印制：刘译文

汉服穿搭指南

HANFU CHUANDA ZHINAN

许　威　唐侯翔　纪　策　著

出版发行：知识产权出版社有限责任公司　　网　址：http：// www. ipph. cn
　　　　　　　　　　　　　　　　　　　　　　　　http：// www. laichushu. com
电　话：010-82004826
社　址：北京市海淀区气象路50号院　　邮　编：100081
责编电话：010-82000860转8597　　责编邮箱：luyuanyuan@cnipr.com
发行电话：010-82000860转8101/8102　　发行传真：010-82000893
印　刷：北京建宏印刷有限公司　　经　销：新华书店、各大网上书店及相关专业书店
开　本：720mm×1000mm　1/16　　印　张：9
版　次：2022年10月第1版　　印　次：2024年8月第3次印刷
字　数：161千字　　定　价：68.00元
ISBN 978-7-5130-8393-5

西塘汉服文化周

发起人

方文山

西塘汉服文化周系列丛书

策划委员会

主　任：谈明波　于　超

策　划：张海斌　陈广松

编　辑：江怡蓉　朱　健　张忻昕　陈　康

王雯雯　任韦泽　何晓军

插　画：唐侯翔

序一

西塘汉服文化周发起人
方文山

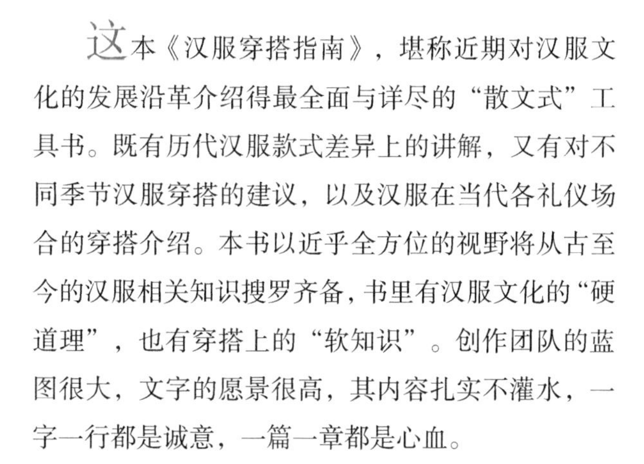

这本《汉服穿搭指南》，堪称近期对汉服文化的发展沿革介绍得最全面与详尽的“散文式”工具书。既有历代汉服款式差异上的讲解，又有对不同季节汉服穿搭的建议，以及汉服在当代各礼仪场合的穿搭介绍。本书以近乎全方位的视野将从古至今的汉服相关知识搜罗齐备，书里有汉服文化的“硬道理”，也有穿搭上的“软知识”。创作团队的蓝图很大，文字的愿景很高，其内容扎实不灌水，一字一行都是诚意，一篇一章都是心血。

每个朝代都钟情什么样的款式，又怎么搭配？根据不同的场合怎么装扮才合适？古代的穿衣智慧就像一面传递美学思想的镜子，通过古代来看现代，才发现祖先的美学在服饰里展现得淋漓尽致。这本书简明地概括了先秦至明代的汉服款式以及配饰、发型，从礼仪角度将服饰文化知识落到具体实践，图文并茂，由表及里，构建起一整套穿搭知识体系，包括成人礼、婚礼等人生各项大事的穿搭场景，非常实用。

换句话说，即使你不是汉服文化的爱好者，这本《汉服穿搭指南》也会是一本让你受用无穷、具有文化分量的汉服辞典。如果你已经是汉服圈的同袍，那么这本《汉服穿搭指南》，就会是你与同袍交流与分享时，手头必备的汉服工具书。

透过服饰历史学传统文化

历史上每个时代都在见证汉服形制的演变。我本人也对服饰文化颇有兴趣，但苦于没有一套通俗易懂的系统介绍汉服的书籍，以了解汉服服饰的演变历程。这本书解决了我的需求，它凝聚了汉服爱好者的研究心血，用丰富的图文知识，形象描绘及讲解了历代汉服的穿法、形制、搭配要点，汇集成足以构建传统汉服认知体系的图谱。让我们透过服饰的历史，一窥这华美衣冠下的生活场景，了解更多的优秀传统文化知识。

序二 汉服穿搭指南

谈明波

一座古镇，流淌千年的水；一袭汉服，魂牵千年的情。

转眼，西塘与汉服结缘已经十年。在这十年的时间里，一群群满怀热情的传统文化爱好者犹如打开了一个个时光宝盒，将属于我们民族的宝贵服饰穿着在身，展示人前。

每年的西塘汉服文化周，粉墙黛瓦之中，广袖飘飘；小桥流水之间，衣袂摇摇。这里的大街小巷都穿梭着无数身着汉服的男女，各种款式、各种形制，争奇斗艳、光彩耀人。而在这富丽繁华之下，则是丰厚渊博的服饰知识、百年来精致的生活品质以及沉淀下来的文化传承。

《汉服穿搭指南》就是将这种不经意间流露的涉及历史、文化、礼仪、审美的诸多知识点汇总成册，既是落地西塘的汉服文化周的一个精彩成果，也是能让民众更了解汉服，熟悉汉服，更加有理有据穿着汉服的一本实用手册。

可以预见，在未来的汉服文化活动中，我们将不再只是以一种浅显的感官审美去评定眼前的衣服，而是去探寻其背后的章服礼仪文化。唯如此，方不负祖先所传承的这一份宝贵的文化遗产——汉服。

一本书册，可能无法还原所有，但它代表着包括作者在内的无数传统文化爱好者、汉服文化推广者，对历史、对传统文化敬畏严谨的态度，苦心钻研的精神。我们应鼓励支持这种态度和精神，让我们的汉服传承得更好，让我们的汉服文化活动去影响更多的人。

礼仪之大，章服之美，责任在我辈。

民族服饰是一种文化符号，在它单纯作为一件衣服的时候，主要是为了遮羞和保暖，其次才有了装饰的属性。中国的服饰文明，同一切物质文明的发展一样，是先民对自然不断改造和适应的结果。

汉服，是中国的传统服饰之一，是传统文化不可或缺的载体。在汉朝以前，已有特定的服饰体系。《易传》有云：“黄帝、尧、舜，垂衣裳而天下治，盖取诸《乾》《坤》。”汉服经过历朝历代的规范发展，到汉朝时国力强盛，服饰完备普及，“汉人”“汉服”因此得名。目前对“汉服”一词最早的记载见于西汉前期长沙马王堆汉墓出土的简牍，其上写道：“美人四人，其二人楚服，二人汉服”。这是描绘四件陪葬品“雕衣俑”所着的服饰。而史册中关于汉服的最早记录，是东汉蔡邕所著的《独断》：“通天冠，天子常服，汉服受之秦，《礼》无文。”这两条记载所指代的还是狭义的“汉朝的服饰”，而在此之后的时期，“汉服”更多情况下开始明确指代与其他民族服饰区分的汉族服饰了。到了唐代，文献《云南志》有云：“裳人，本汉人也。部落在铁桥北，不知迁徙年月。初袭汉服，后稍参诸戎风俗”。“汉服”一词已经完全成了汉民族服饰的代名词，宋辽时期，辽人更是将“汉服”二字写入舆服制度中，《辽史》记载：“辽国自太宗入晋之后，皇帝与南班汉官用汉服；太后与北班契丹臣僚用国服，其汉服即五代晋之遗制也”。哪怕是民国时期的《清稗类钞》，在引用前朝文献的时候，也有：“高宗在宫，尝屡衣汉服，欲竟易之”的记载。

在能够遮衣蔽体之后，服饰便有了对文化的追求，于是开始研究它的形与制。

对于形制，孔子曾经问道：“觚不觚，觚哉！觚哉！”北宋程颐曾经注解：“觚而失其形制，则非觚也。”觚都没有觚的形制了，那也就不再是觚了。

什么是汉服的形制？汉服的形制分为形貌和制式，形是它的外表，指的是汉服的材质、工艺和款式。而制式则包括了道德规范、制度规范以及地域风俗和时代风俗共同作用下某个时期的汉服审美和制度。我们通常讲某制汉服，首先是这件汉服的时代特征，以及样貌特征，然后是这件衣服的使用场合，搭配习惯。深衣是汉服体系中最重要的形制之一，《礼记·深衣第三十九》说："古者深衣盖有制度，以应规、矩、绳、权、衡。短毋见肤，长毋被土。续衽，钩边，要缝半下。袼之高下，可以运肘；袂之长短，反诎之及肘。带，下毋厌髀，上毋厌胁，当无骨者。制十有二幅，以应十有二月。袂圜以应规，曲袷如矩以应方。负绳及踝以应直，下齐如权衡以应平。"深衣在每个时期有不同的款式，先秦时期的深衣的特征是矩领，而南宋的朱子深衣为交领，这是它们的形；先秦深衣用在大部分礼仪场合，而朱子深衣用在家仪场合居多，这是它们的制。

汉服的穿着，需要根据不同的场合，来进行某一时代形制的完整搭配。

自 2018 年起，鄙人很荣幸受邀担任西塘汉服文化周汉服及礼仪文献整理小组召集人，并主持编撰《汉服分类》（T/CTES 1021—2019）、《汉服》（T/CNTAC 58—2020）、《汉服着装指南》（T/CNTAC 107—2022）团体标准，拙作亦可视为该三套团体标准的注释与使用说明。值此书付梓之际，感谢西塘诸位领导以及方文山老师、陈广松先生的支持与指导，并谨以此书献给十余年来坚持弘扬、传承汉服的朋友们。管中窥豹、挂一漏万之处，敬请各位方家批评指正。

许　威

2022 年 6 月 9 日

目录

一 认清汉服结构

我们每个人都穿衣服，东汉刘熙《释名》曰："衣，依也，人所以避寒暑也。"揭示了衣服最开始的作用无非是保暖和遮羞蔽体。人类穿衣服的历史超过了 10 万年，但早期的服饰多为兽皮缝制，只有纯粹的实用性。自远古的黄帝时代起，先民们就开始将衣服在遮羞蔽体和保暖的实用基础上进行再创造，于是便有了纹饰和形制。华夏的先民们通过纹饰、形制来展现自己的文化，这种对服饰文化的加工创造，到了周代逐步完善、形成体系，并通过礼仪制度与服饰的结合，形成了我国独有的民族服饰体系——汉服。

汉服最基本的结构包含了领、缘、袖、摆、裾等部位。而这些服装部位有些相当古老，被一直保存到今天，有些则又对应自然现象，体现了华夏民族敬天法祖的哲学思想。

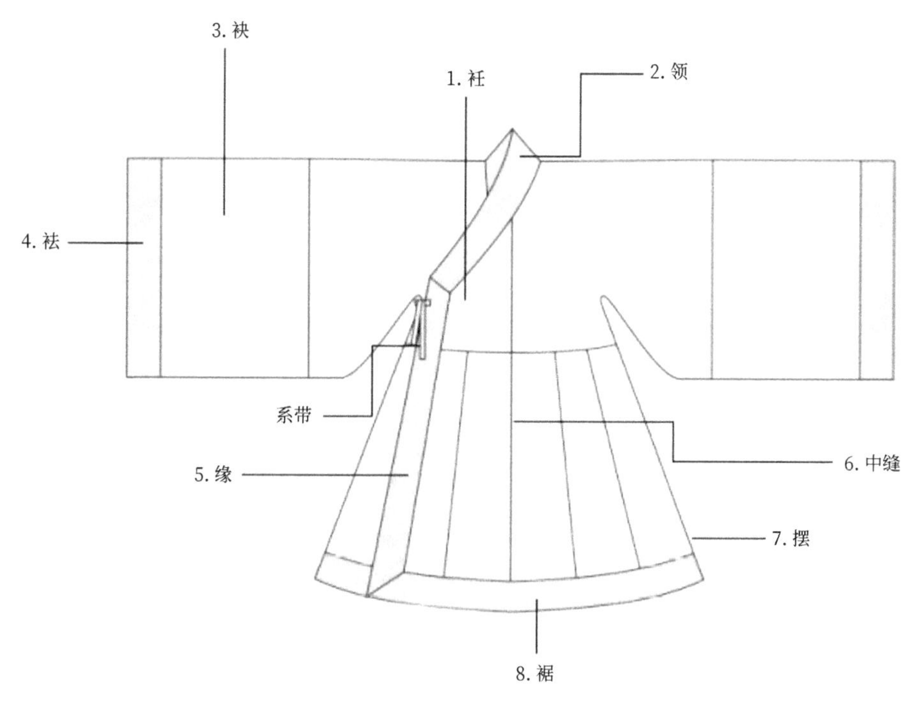

△ 明制深衣结构示意

1. 衽

又称为襟，一般指衣襟，或上衣掩裳际的部分和衣袖。衣襟向右掩称为右衽，有接衽的通常叫作大襟。

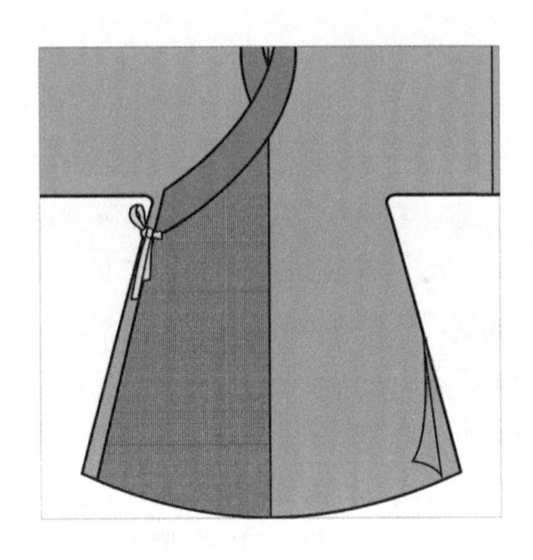

2. 领

衣上围绕脖子的缘边。有直领、曲领、盘领（圆领）、坦领、竖领、矩领等领型。

① **直领：**领子展开平铺为直线，有直领对襟和直领大襟两种形态，直领大襟的形态常被称为交领。

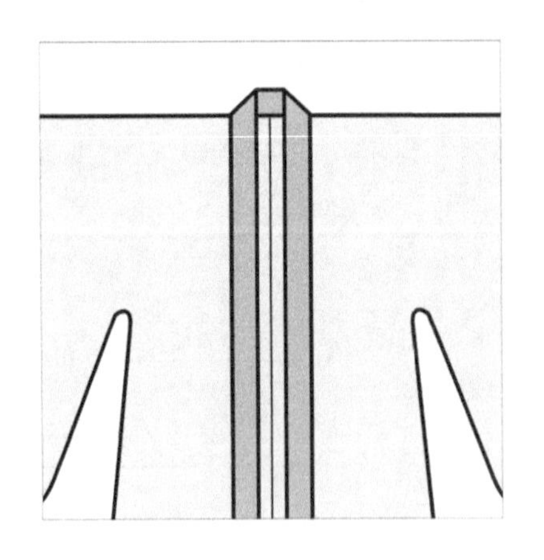

△ 直领对襟

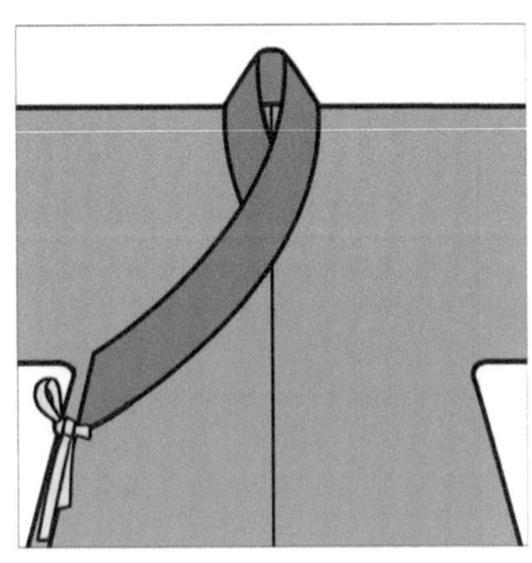

△ 直领大襟（交领）

② **曲领：**属于早期盘领的一种，领子展开平铺为曲线，长度大大超过人体的脖颈围。

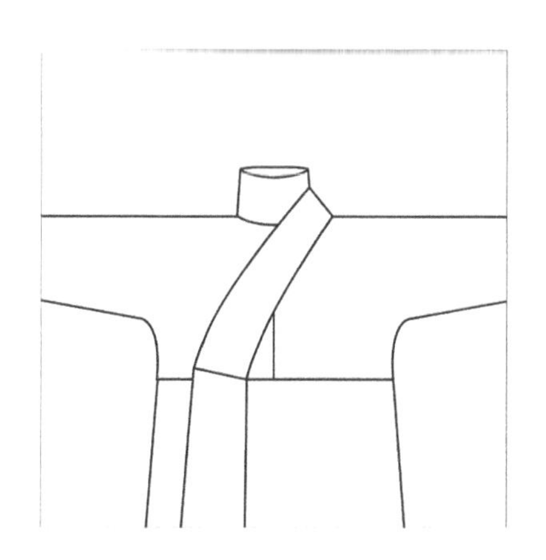

③ **袒（俗作坦）领：**领口开得较大，并且敞开呈圆弧形。

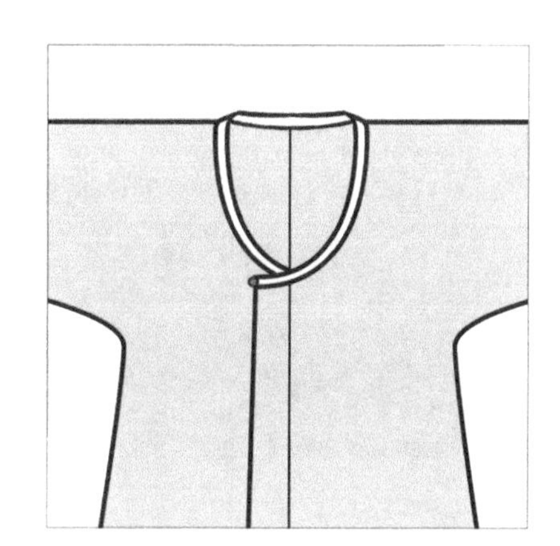

④ **盘领（圆领）：**又称团领，领子呈圆弧曲线，有圆领大襟和圆领对襟两种形态。

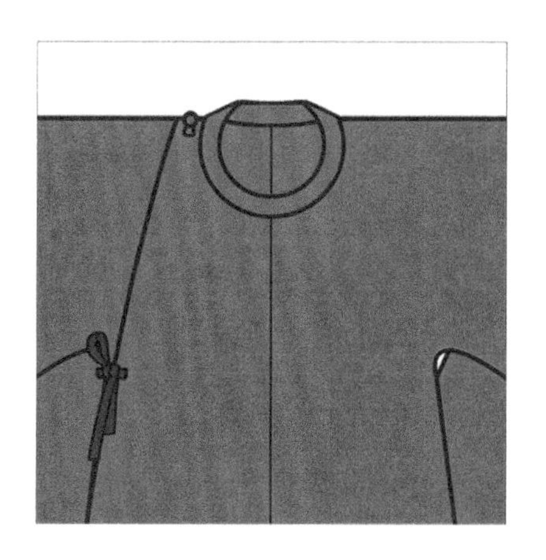

△ 圆领大襟

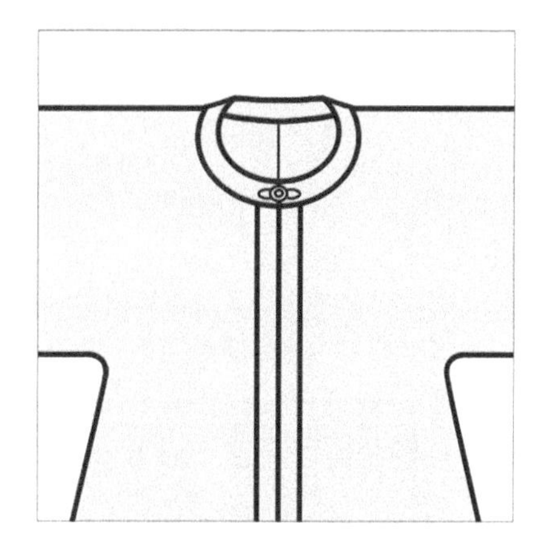

△ 圆领对襟

⑤ **方领：**领口呈方形，一般为对襟，也有大襟（如方领襕衫）。

⑥ **竖领：**又称立领。领子竖立，包裹脖颈。

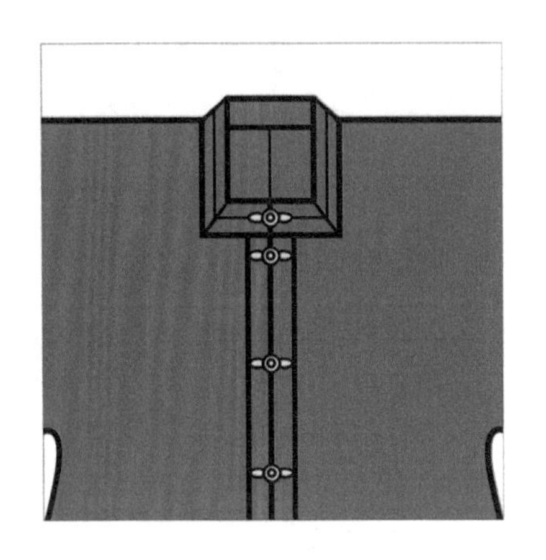

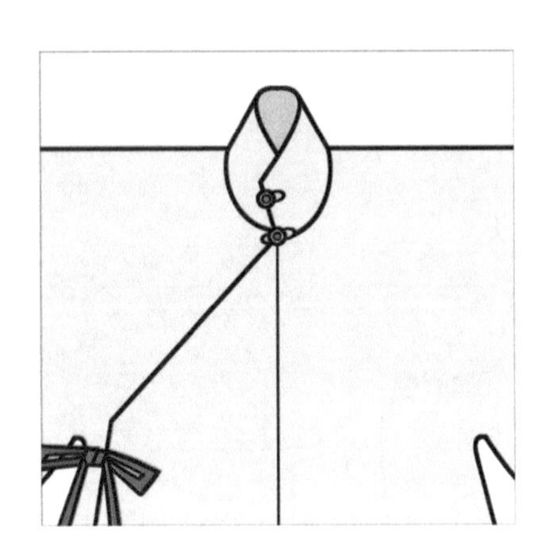

3. 袂

指袖身。袖身又根据形状分为垂胡袖、广袖、直袖、窄袖、半袖、无袖、琵琶袖等几种袖型。

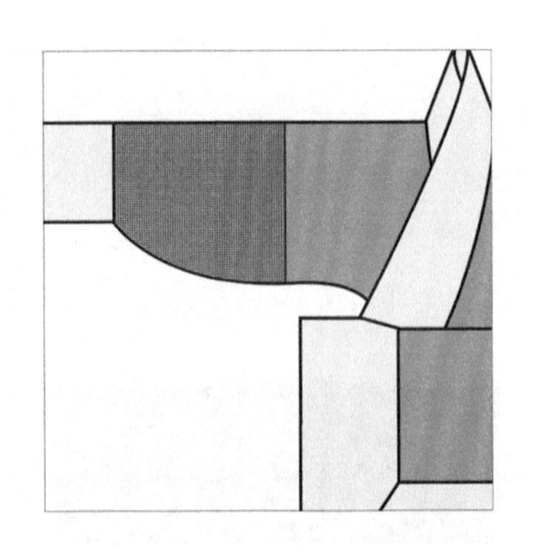

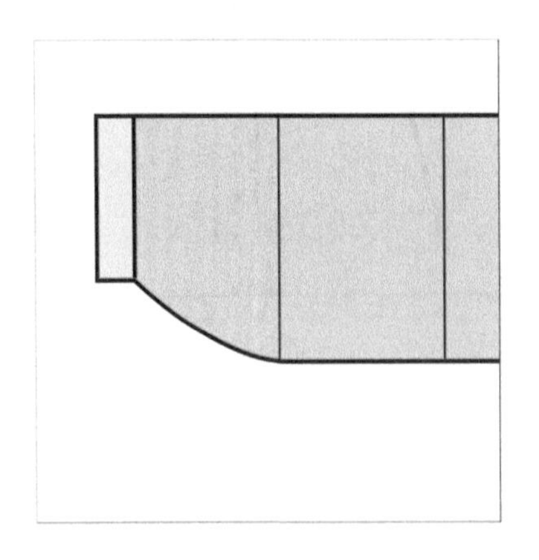

① **垂胡袖：**因袖身形状似黄牛脖子下垂的“胡”，故称垂胡袖。

② **广袖：** 又称大袖、阔袖。袖口宽于袖根，袖身有较大曲线的袖型。袖身方正的称为方袖。

③ **直袖：** 袖口与袖根同宽，袖身平直的袖型。

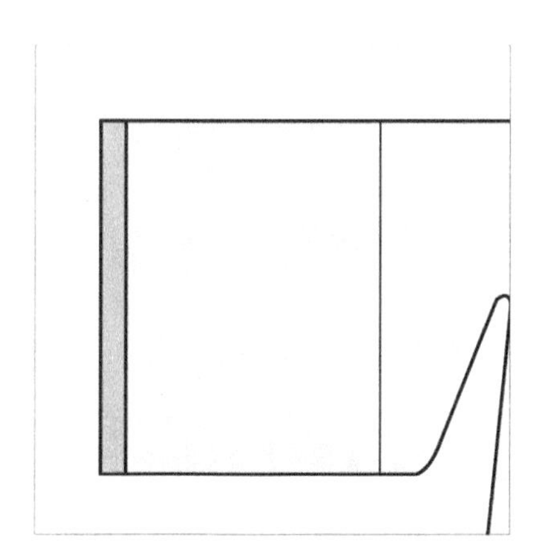

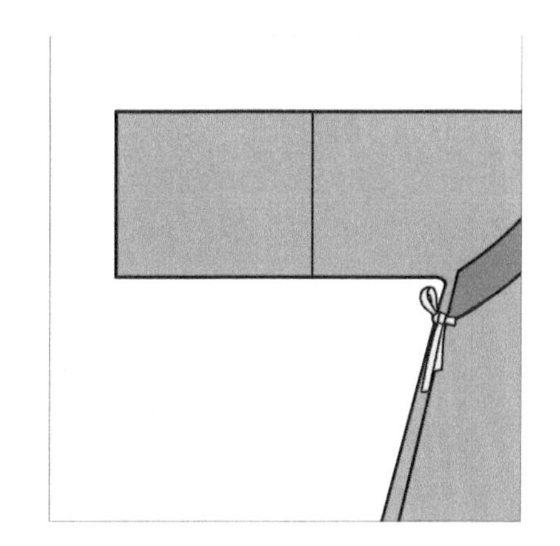

④ **窄袖：** 袖口窄于袖根；袖身呈直线的袖型。袖身曲线渐收的称为弓袋袖。

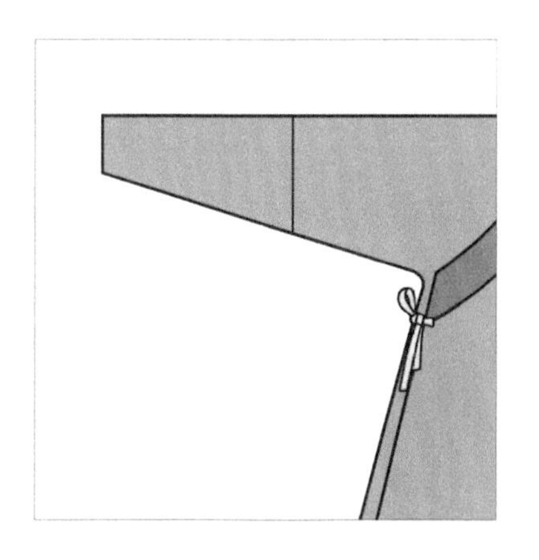

△ 窄袖

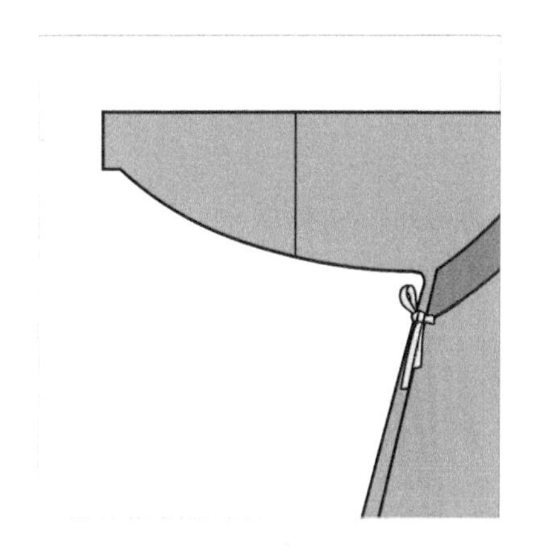

△ 弓袋袖

⑤ **半袖：** 袖长过肩至肘。

⑥ **无袖：** 无袖身，袖根与肩平齐。

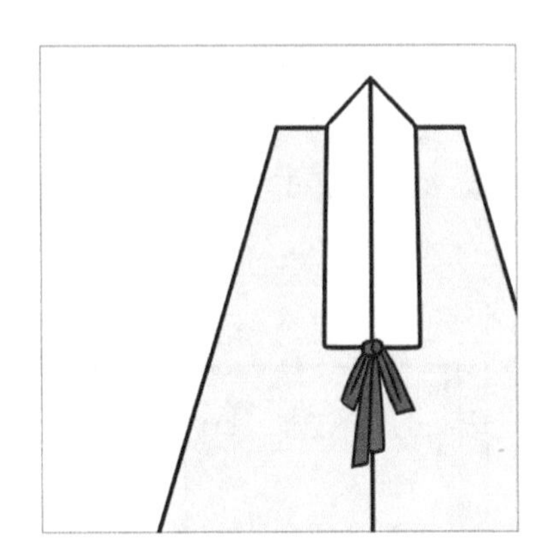

⑦ **琵琶袖：** 袖口收袪，袖身形状圆滑，因袖身形状曲线似琵琶，故称琵琶袖。

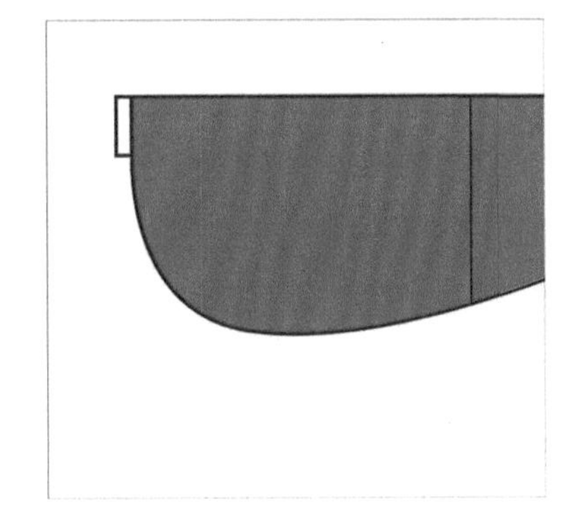

4. 袪

指袖口。又分为收袪与不收袪两种。

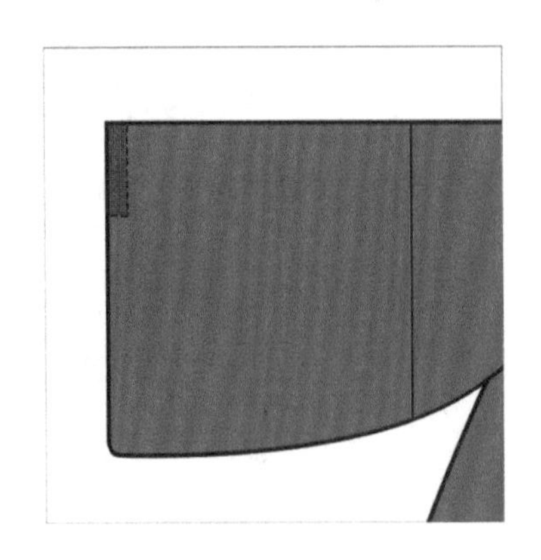

△ 收袪

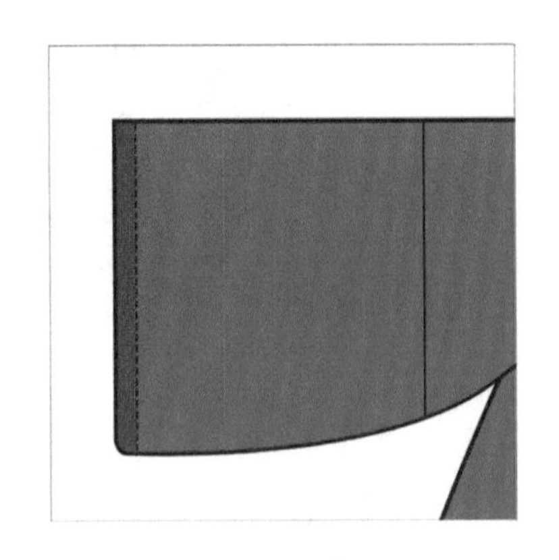

△ 不收袪

5. 缘

又称纯、边，包住或向外贴住衣服边缘的狭长布帛，袖口的缘叫作褾。

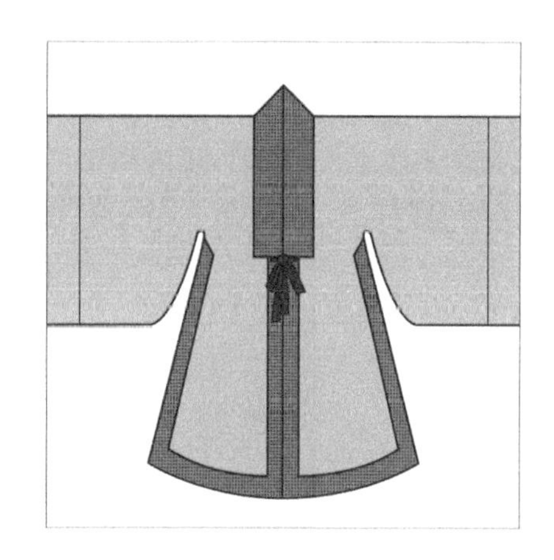

6. 中缝

指衣服正中布料接合的地方。在大身前面的叫作前中缝，身后的叫作后中缝。在袖子上有袖中缝，另外还有侧缝、接袖缝、裙缝等。

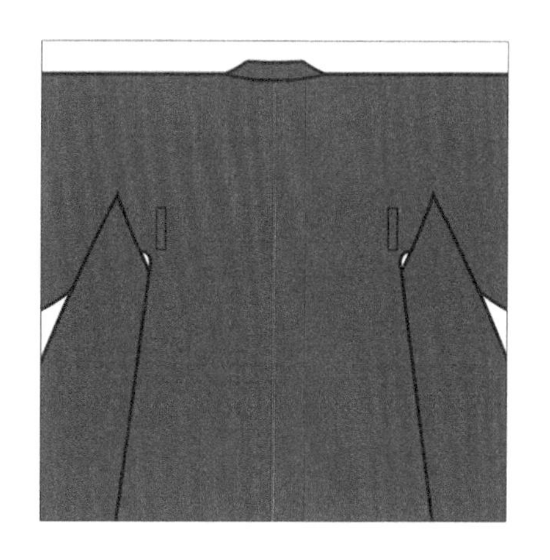

7. 裾

俗作“摆”。衣服前后幅的下端边缘。除了一般的下摆外，某些开衩款还另接侧摆，有内摆和外摆两种。

① 内裾：又称暗裾。在衣服开衩处的内侧向内缝制布料的结构。

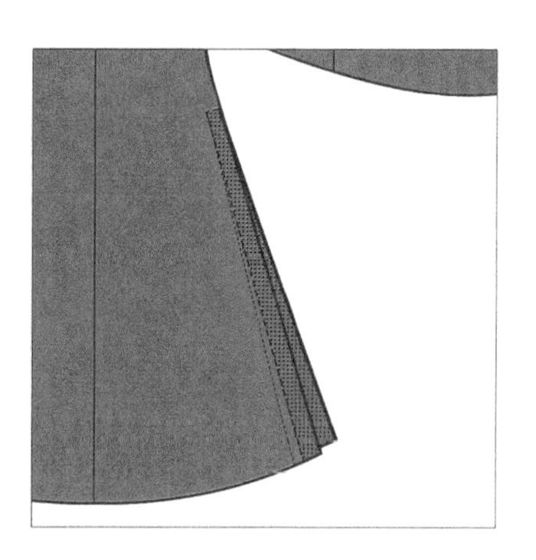

② 外襟：又称明襟。在衣服开衩处的外部向外缝制布料的结构，有时可放置内撑。

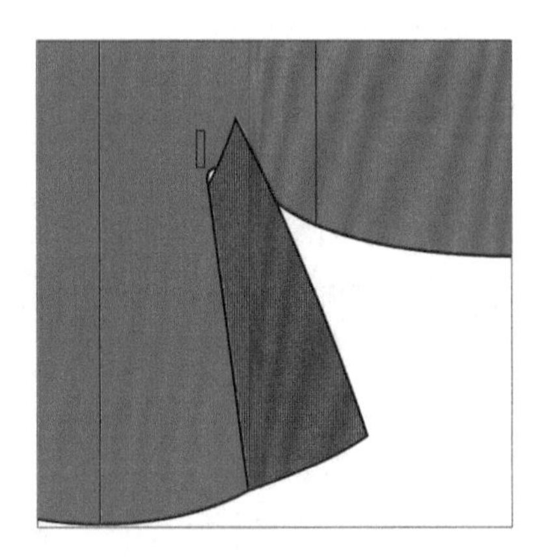

8. 裾

衣服的前后摆下部，或指衣服下部的缘。

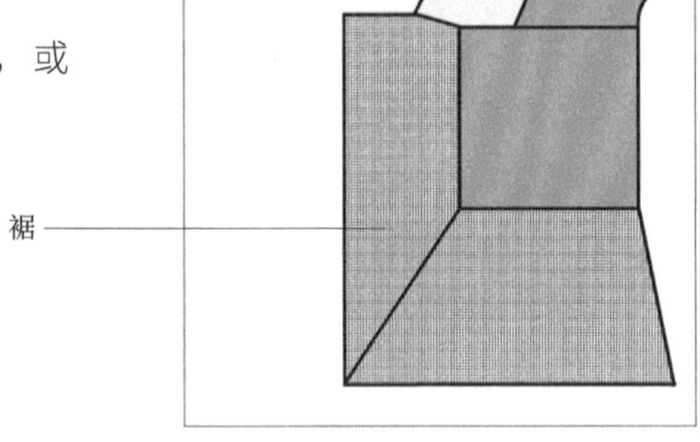

除了上述基本部位外，汉服还有以下的细节。

9. 衩

衣服下开口的部位，一般指左右衩。

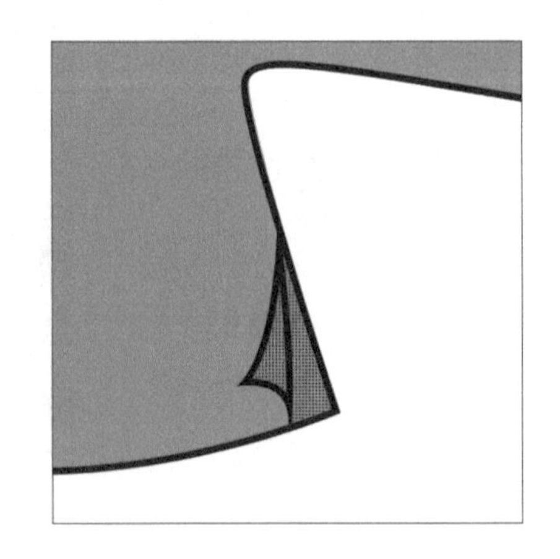

10. 裥

上衣与下裳相连时施加的一道横裥。或指横向的纹饰。

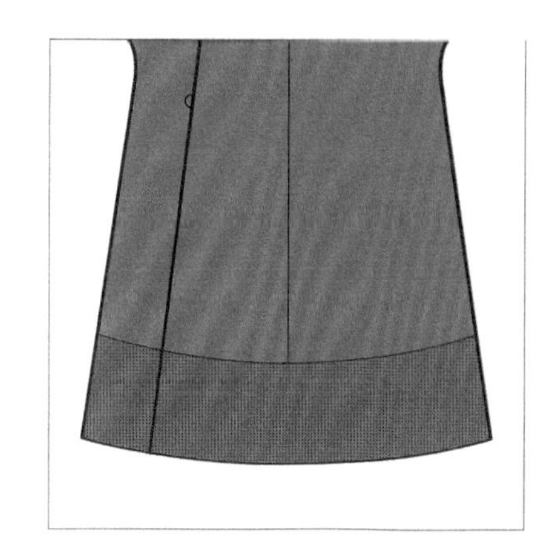

11. 禩

包住衣服边缘的有花纹的狭长布帛。

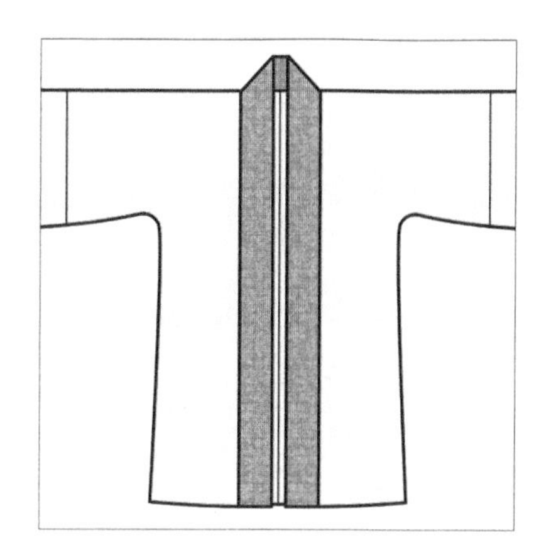

12. 襻

衣服的系带，或指用来扣住纽的套，以及用来固定腰饰和裤裙带的套。

① 系带：用来固定衣衽的带子。

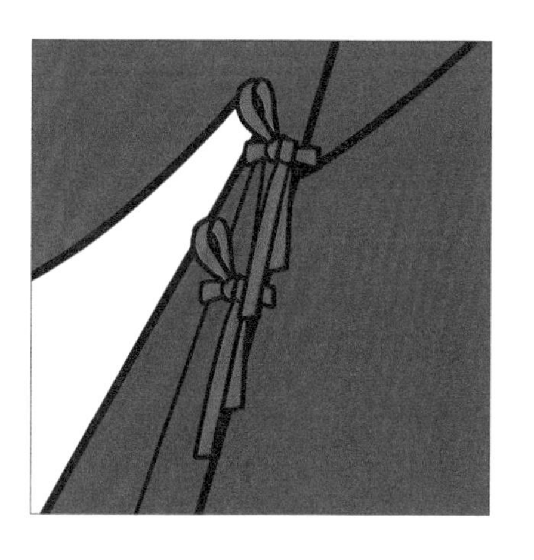

② **带襻：**袍服上用来固定腰饰的部件。

③ **裤襻：**用来固定裤子的部件

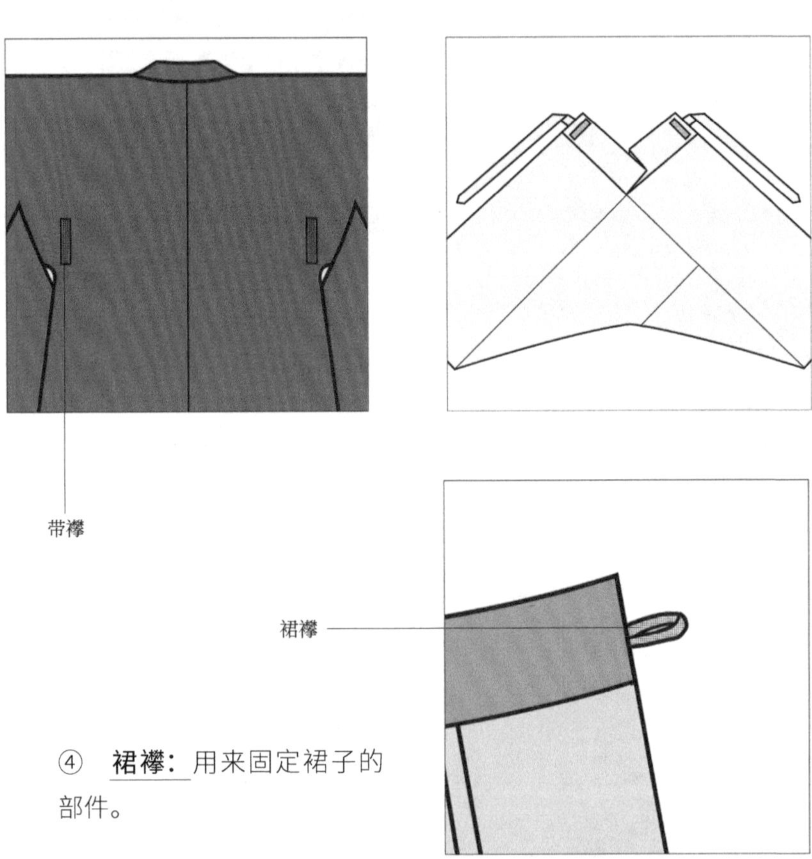

④ **裙襻：**用来固定裙子的部件。

13. 颡道

又称颡缝，也写作省道。通过捏进和折叠面料边缘，让面料形成隆起或者凹进的特殊立体效果的结构设计，多用在裙、褶、肩。

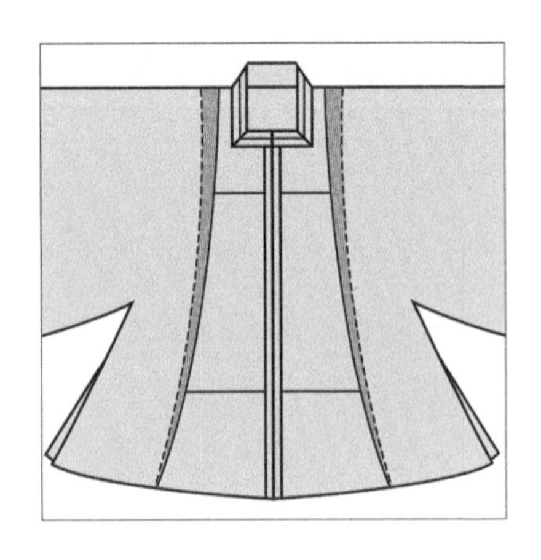

14. 纽扣

用来连接衣襟的金属或布绳做成的疙瘩。

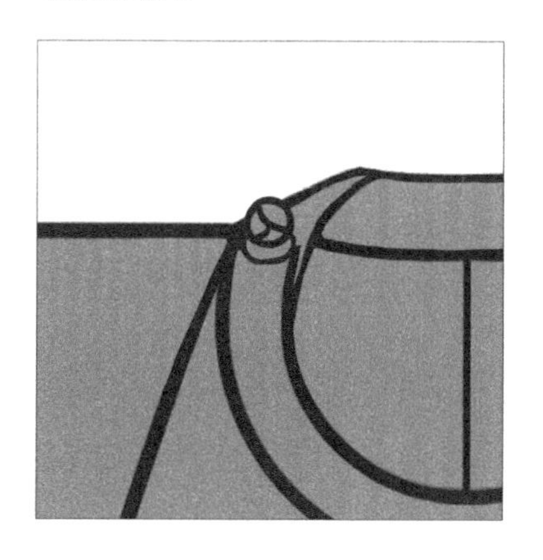

15. 托肩

缝制于衣服里面，领和肩部的方形贴布。

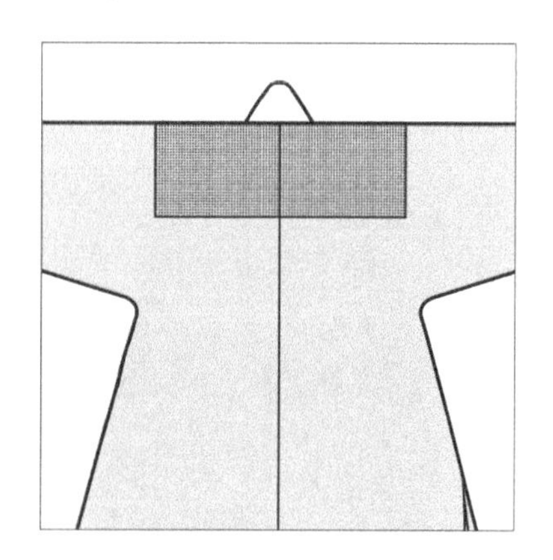

16. 贴腋

又称袖根贴片。缝制于衣服里边，腋下的方形贴布，为平面结构。

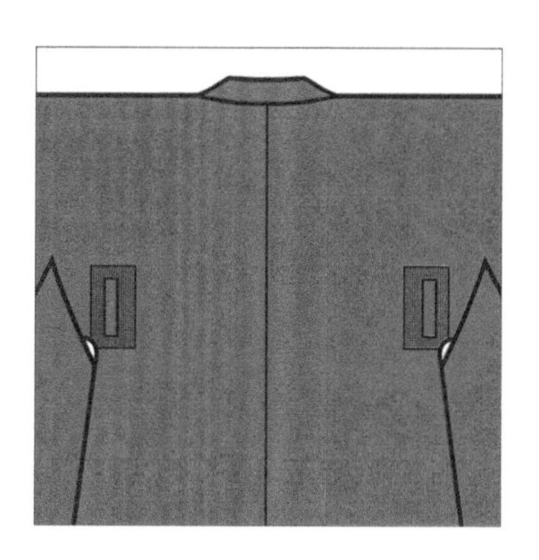

17. 小腰

为了提升绕襟效果而缝制于腋下的一小块布料，为立体结构。

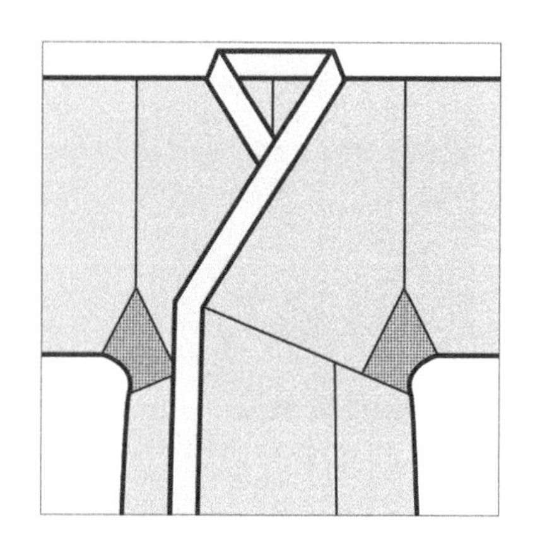

18. 贴边

缝制于衣服里面边缘的窄条布料，多用于单层衣物。

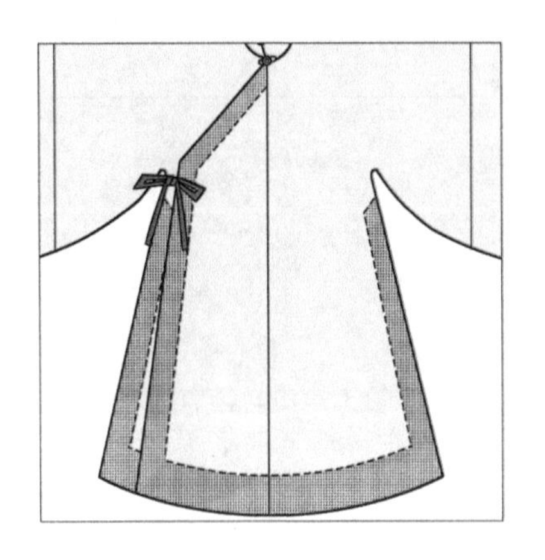

19. 眉子

镶在对襟类衣服门襟两边的窄条布料。

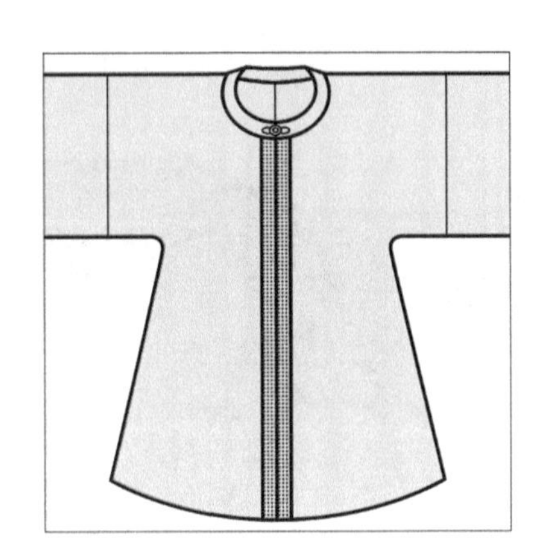

20. 掏袖

接于收祛袖口的窄条。

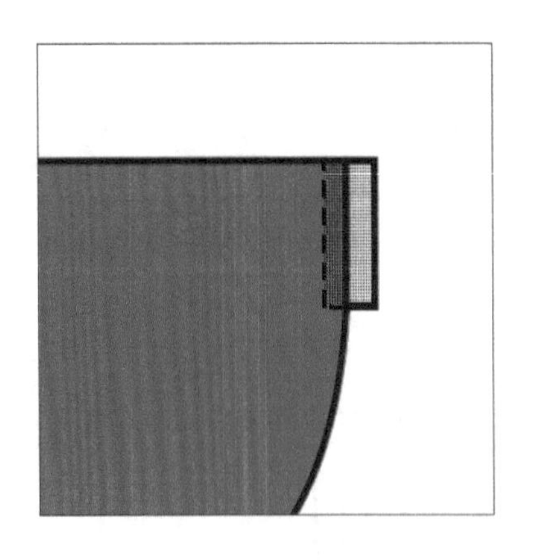

21. 裤裆

两条裤腿相连的部位。

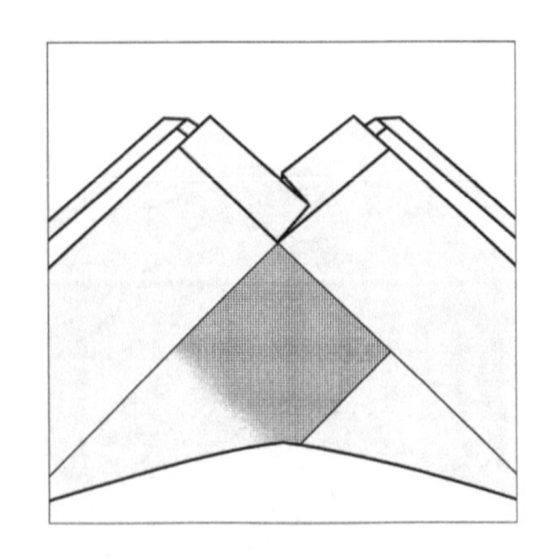

22. 裤腰

裤子最上端，用来系腰带的部位。

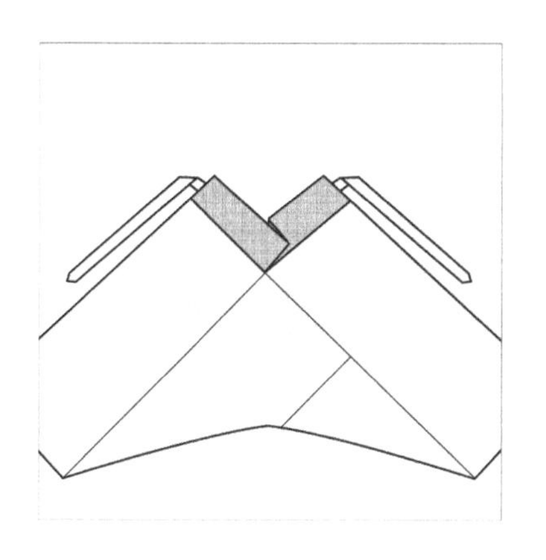

23. 裙头

又称裙腰。裙子最上端，用来系腰带的部位。

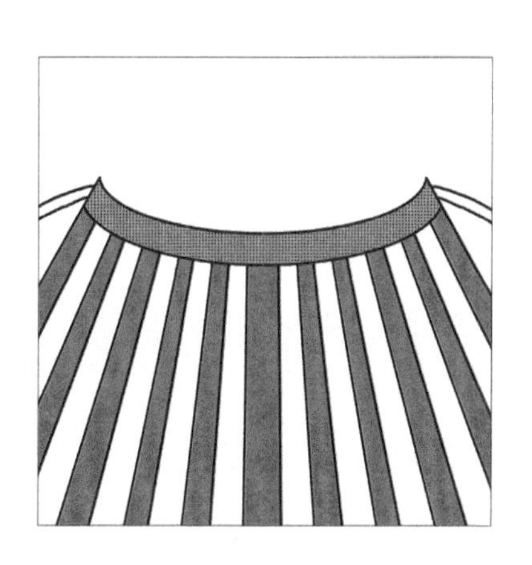

24. 褶

又称裥，指人为使布料交叠形成的褶皱。自然交叠的为活褶，压烫成形的为死褶（还有一种说法是缝死的是死褶，不缝死的是活褶，一个是熨烫的角度，一个是缝纫的角度），褶型分为：

① **顺褶：**顺着一个方向形成的褶。

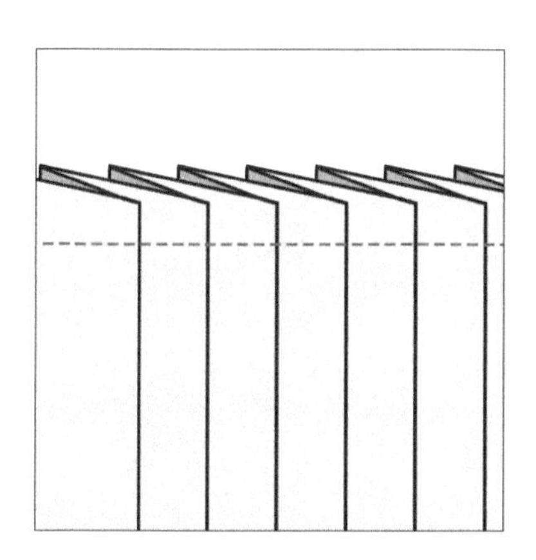

② **抽褶：**用线收紧产生的褶。

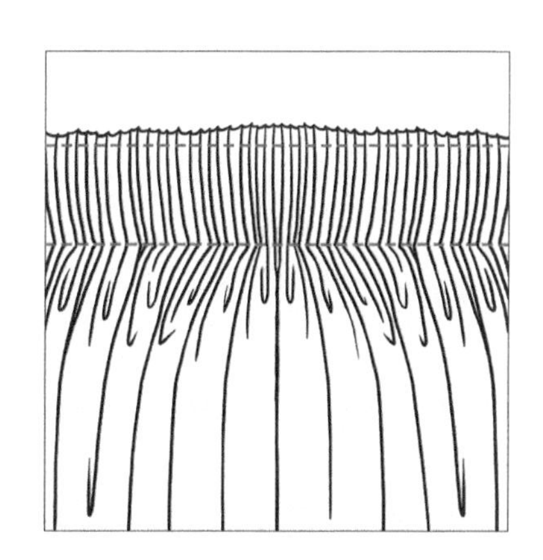

③ **碎褶：**较小的无规律褶皱。

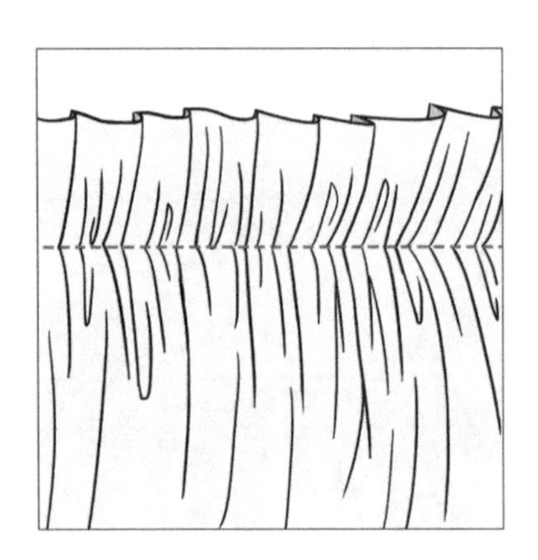

④ **工字褶：**呈工字形的褶。

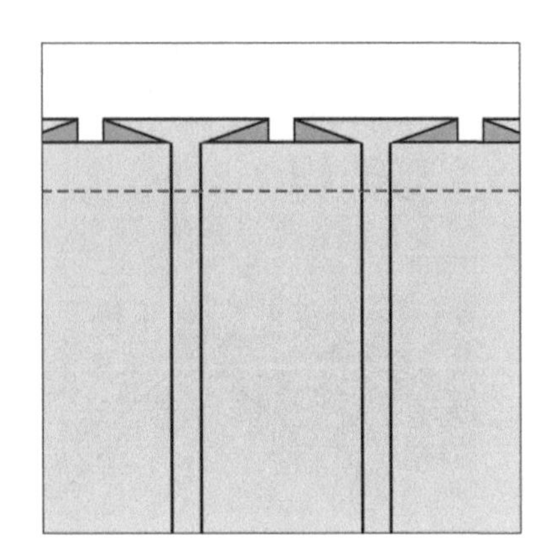

⑤ **马牙褶：**在大顺褶之上叠加小褶，并且熨烫使之形似马的牙齿状的褶。

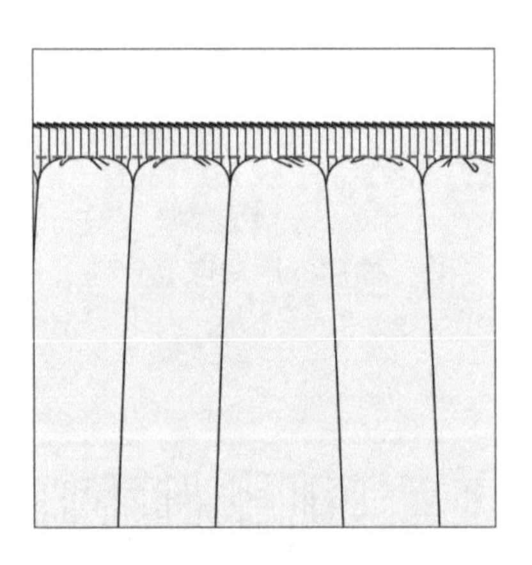

⑥ **马面褶：**侧面打裥，中间形成光面的褶。马面褶裙分为平行褶和梯形褶两种。

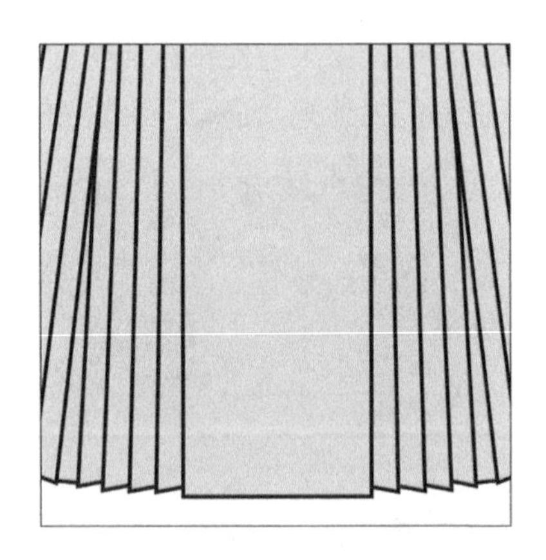

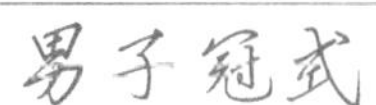

汉服体系中男子头戴之物统称为首服，也称“头衣”，从名字中就可以看出其重要性。正规的汉服搭配中，首服和体服一样重要。在出门、见客或者参加礼仪场合时，不戴首服是一种无礼、不得体的行为。

男子的冠饰分为冕、弁、冠、帻、帽、巾等几类。

冕是礼仪性最高的首服，又称平天冠。一般由綖（最上端的板子）、旒（垂于前后的玉珠）、冠武（帽桶）、玉簪（使冕固定于发髻）、充耳（垂于两耳侧的玉珠）、朱缨（悬结于颔下的丝绳）、朱纮（系在玉簪上垂下的丝绳）构成。

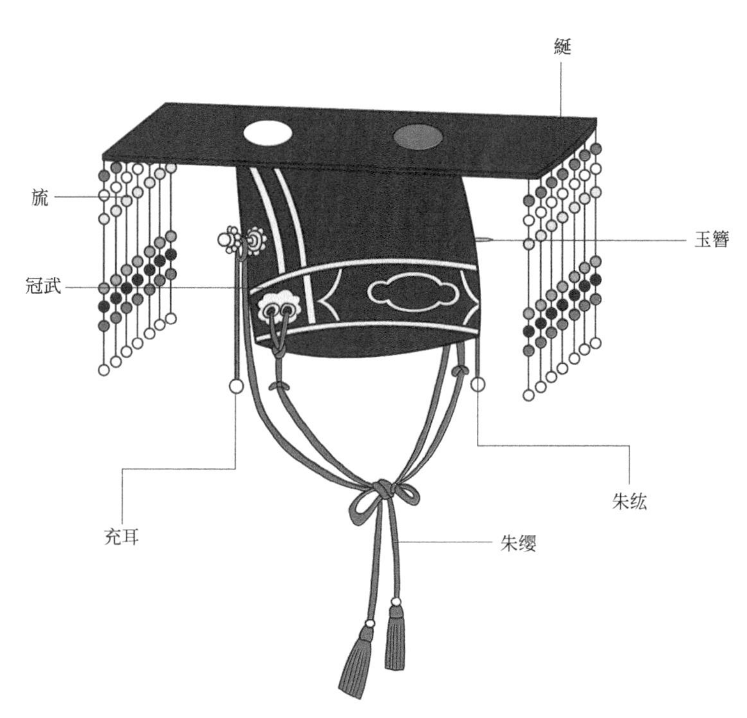

△《大明会典》永乐三年定郡王用七旒冕

弁是礼仪性不如冕，但比冠高的一种首服。又分为爵弁和皮弁两种。爵弁形制与冕相同，但是没有旒，呈赤黑色；皮弁则以皮革为冠衣，早期皮弁无珠饰，后发展为在皮革缝隙之间缀有珠玉宝石。

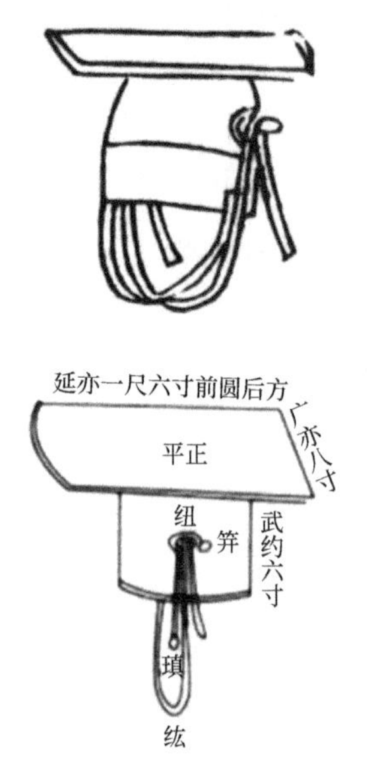

△ 爵弁（《新定三礼图》中所绘）

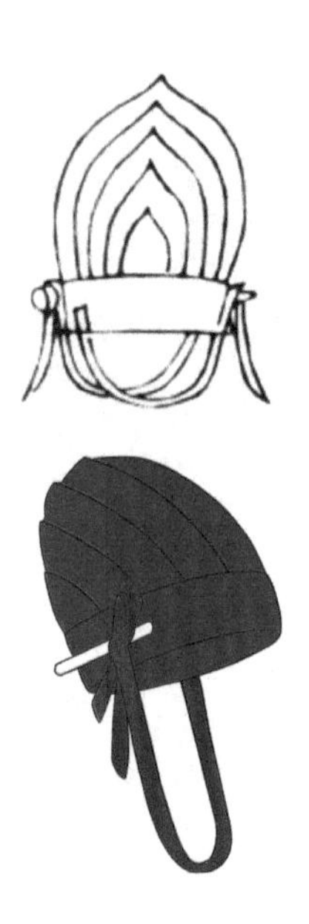

△ 皮弁

冠是次于冕和弁，礼仪性较高的首服。尤其是汉制冠饰，式样繁多，比较常见的冠式有长冠、武冠、却敌冠、通天冠、进贤冠、獬豸冠、鹖冠等，以及魏晋时期的笼冠、宋明流行的梁冠等。

帻在我国古代是文武百官、平民百姓都可以戴的日常性首服，流行于秦汉魏晋时期，可以单独戴，也可以在戴冠时加于冠下。

帽是日常性首服，明代俗称首服为帽，一般帽比巾更立挺。

巾是日常性首服，用布缝制，较为舒适。汉代开始，士人便开始流行戴巾。

周代男子冠式

从周代开始，建立了完备的冠服制度，周代男子所戴的首服以冕冠与弁冠为主。冕冠有六种，分别是大裘冕、衮冕、鷩冕、毳冕、絺冕、玄冕。弁冠有三种，分别是韦弁、皮弁、爵弁。

汉代男子冠式

汉代男子冠饰有巾、帻、冠三类。

巾

先秦时，男子基本只戴冠而不戴巾。战国时韩国人戴的巾称为“苍头”，秦国称为“黔首”。直到东汉之后巾才逐渐流行，人们常戴的巾有绡头、折上巾等。

△ 武威磨嘴子汉墓出土戴平上帻的彩绘木俑

帻

在先秦时，帻为士庶阶层所服。到汉元帝时，因为汉元帝“额有壮发”，不想被人知道，因而开始带帻。到了王莽时期，他头顶秃发，故把软帻衬裱使之硬挺，将顶部升高做成介字形的帽“屋”，这样可以把秃顶掩住，这种有介字形帽屋的帻就是“介帻”。呈平顶状的称为“平上帻”。

冠

西汉早期，冠体较小，仅束住头顶发饰。到了西汉晚期，冠与帻相连，进贤冠与介帻相配，武冠与平上帻相配。此外，汉明帝时期恢复冕冠制度，并有爵弁冠、通天冠、法冠等。

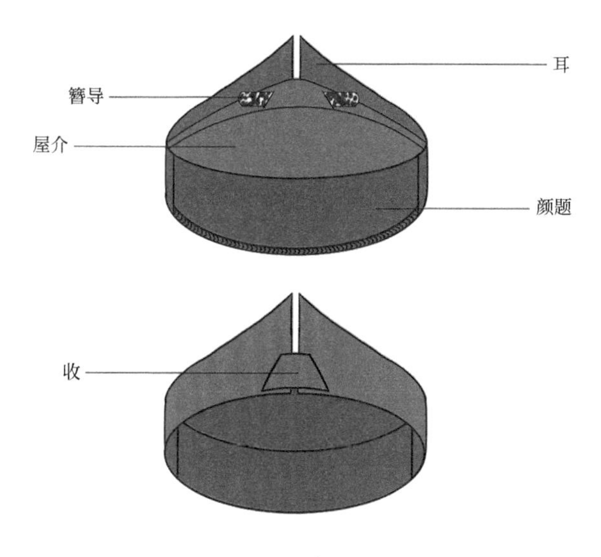

△ 介帻

汉代几种常见男子冠饰的使用场合

冕冠

冕冠与冕服搭配，用于郊祀天地、宗祀、明堂。

爵弁冠

爵弁冠与素积（腰间有褶裥的素裳）搭配，祀天地五郊明堂所服。

通天冠

与五时服及深衣制袍服搭配，为百官朝贺及天子乘舆之常服。

长冠

搭配黑色绛缘领袖的袍服及绛色裤袜。公乘祀宗庙所服。

委貌冠

与玄端素裳搭配，公侯诸卿大夫行大射礼时所服。

皮弁冠

与素积搭配，缁麻衣，皂领缘，下素裳。大射礼执事者所服。

进贤冠

通常与袀玄搭配，为文儒者所服。公侯三梁。中二千石以下二梁。博士一梁。

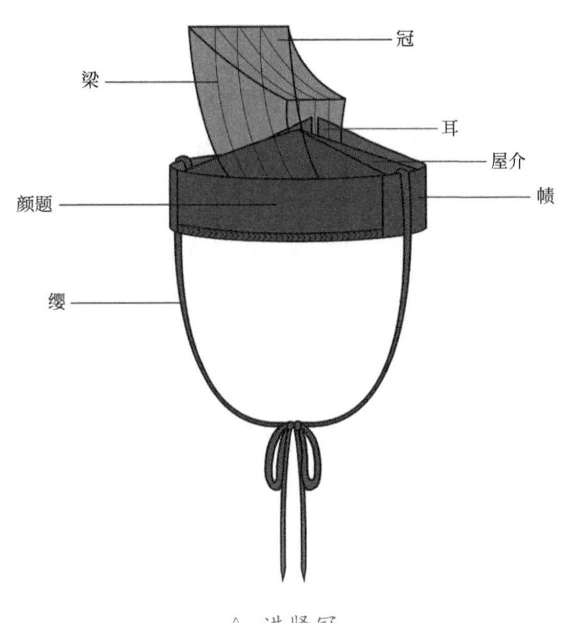

△ 进贤冠

魏晋男子冠式

晋代服饰制度因袭旧制，还保留有汉代的冕服、通天冠服、介帻等。南朝宋形制沿袭魏晋，对冕服进行了补充与调整。南朝宋初期将冕服中的衮冕称为太平冠服，将冕分为大冕、法冕、冠冕、绣冕等。除了正式的冠冕之外，魏晋时期还出现了平巾帻式样的小冠，并与漆纱笼冠搭配，以及白帢帽等。其中平巾帻和漆纱笼冠一直流行到唐初，成为上下一体的正式服饰搭配。

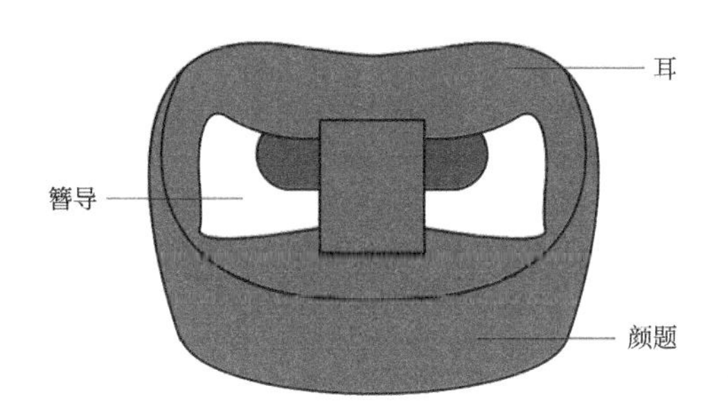

△ 平巾帻部位名称

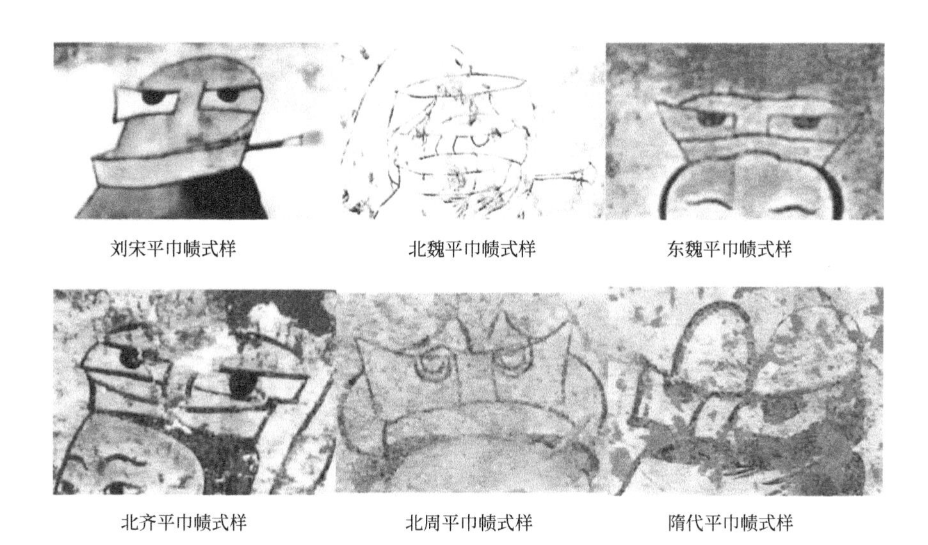

△ 平巾帻样式（摘自徐光冀主编《中国出土壁画全集》，科学出版社，2011 年 1 月版）

唐代男子冠式

唐代继承了前代冠服制度，并沿袭了周礼中的六冕制度用于祭祀等事。武弁、皮弁、平巾帻、白帢、白纱帽等也仍然沿用。

皮弁是唐代皇帝每月初一临朝听政时所戴，帽子上有攀以固帽，上装饰 12 颗玉珠。加玉簪以固发，上身搭配绛纱袍，下身穿素色裙裳，装饰白玉双佩，革带上装饰鞶囊。白袜，乌皮履。皮弁和所搭配的冠服被称为皮弁服。白纱帽（乌纱也可以制此帽），配白裙，白衫，乌皮履，是皇帝的公服之一。

平巾帻是皇帝乘车马时穿的礼服。

白帢是皇帝参加大臣葬礼时穿的礼服。

远游冠，太子常朝、元日、冬至等场合所穿。

另外，唐代男子有一种从皇帝至庶民皆可穿戴的帽子，称之为幞头。唐代的幞头用料较轻薄，缠裹后褶皱较多不够美观，因此武德年以后，多在幞头之内衬以巾子。巾子主要以桐木、丝葛、藤草、皮革等制成，将巾子罩在发髻上，一方面可以固发，一方面可以保证裹出较为平整的幞头外形。

△ 唐代幞头种类（摘自沈从文《中国古代服饰研究》，商务印书馆，2011 年版）

宋代男子冠式

宋代“冠冕”名目和形制众多，常见的有通天冠（或称“承天冠”）、进贤冠、高山冠、笼冠、小冠、花冠及四周巾、结巾、幞头（又称“折上巾”或“乌纱”）、东坡巾、莲花冠、元宝冠等多种式样。

“冠”主要应用于中上层阶级。在宋代官员体系中，“冠”按照种类不同可分为：“獬豸冠”（冠上有角形，以示秉公执法，公平公正）、“进贤冠”（一种饰有簪笔的“梁冠帽”，以示坦诚纳言之意）、“貂蝉冠”，它们依次为法官、文官和武官的朝服冠。

宋代士大夫有用玉冠束发的习俗，玉冠是宋代较为流行的小冠类型，因其高、宽都较其他冠形略低略小，故又被称为“小冠”或“矮冠”，这类冠式可单独戴束，如宋徽宗名画《听琴图》中描绘的抚琴者，头上所戴的就是玉发冠。

另外，宋代也戴幞头，大致分为展脚幞头、交脚幞头、软脚幞头几种。这类幞头是宋代冠服的特色。

宋 李公麟《九歌图》中人物戴的进贤冠

南京博物院藏 宋代范仲淹像的貂蝉冠（笼巾）

明代男子冠式

明代男子多戴巾，且巾帽种类繁多，仅古文献记载的就有百余种。除了正式场合所戴的冕、弁、梁冠、展脚幞头、翼善冠等，还有网巾、大帽、小帽、笠帽、方巾、儒巾、唐巾、东坡巾，以及用于燕居的忠静冠，等等。

△ 大帽

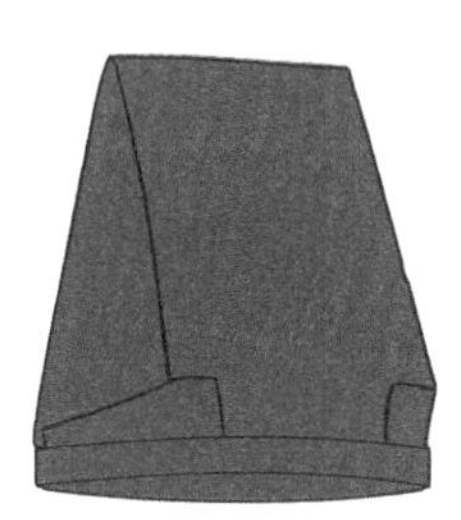

△ 儒巾

女子冠式

汉服体系中女子头戴之物称为首饰，与男子不同，戴冠直到唐代之后才流行，唐代时贵族女子戴花冠，宋明女子礼仪场合服凤冠、翟冠，宋代时还流行山口冠、团冠等。所以女子多在发饰与发型上下功夫来装扮自己、出席活动。

唐朝建立之后，以国家令文的形式规定了礼服制度，对后妃命妇的首饰也作了相关规定。在刘煦的《后唐书》中，对皇后、皇太子妃以及内外命妇的冠服作了详细的记载。

皇后服：袆衣，首饰花十二树（小花如大花之数，并两博鬓），受册、助祭、朝会诸大事，则服之。鞠衣，首饰与袆衣同，亲蚕则服之。钿钗礼衣，十二钿，宴见宾客，则服之。

△ 唐代萧皇后十二钿花钗冠复原件

皇太子妃服：褕翟，首饰花九树（小花如大花之数，并两博鬓），受册、助祭、朝会诸大事，则服之。鞠衣，首饰与袆衣同，从蚕则服之。钿钗礼衣，九钿。宴见宾客，则服之。

内外命妇服：翟衣，花钗（施两博鬓，宝钿饰）。第一品花钗九树（宝钿准花数，以下准此）；第二品花钗八树，第三品花钗七树，第四品花钗六树，第五品花钗五树，内命妇受册、从蚕、朝会，则服之。其外命妇嫁及受册、从蚕、大朝会，亦准此。钿钗礼衣，第一品九钿，第二品八钿，第三品七钿，第四品六钿，第五品五钿。内命妇寻常参见、外命妇朝参、辞见及礼会，则服之。

宋初内外命妇冠服仍承袭唐制，到了宋徽宗年间，规定皇后戴九龙四凤冠，冠有大小花枝各十二枝，并加左右各二博鬓（即冠旁左右如两叶状的饰物，后世谓之掩鬓），青罗绣翟（文雉）十二等。《大金集礼》对宋代皇后礼冠的描述极其详细，与北宋末的皇后画像基本可以对应："皇后冠服：花株冠，用盛子一，青罗表、青绢衬金红罗托里，用九龙、四凤，前面大龙衔穗球一朵，前后有花株各十有二，及鸂鶒、孔雀、云鹤、王母仙人队浮动插瓣等，后有纳言，上有金蝉鑻金两博鬓，以上并用铺翠滴粉缕金装珍珠结制，下有金圈口，上用七宝钿窠，后有金钿窠二，穿红罗铺金款幔带一。”命妇则服花钗冠，冠有两博鬓加宝钿饰。一品花钗九株，宝钿数同花数，绣翟九等；二品花钗八株，翟八等；三品花钗七株，翟七等；四品花钗六株，翟六等；五品花钗五株，翟五等。

宋代民间也流行戴冠。王得臣《麈史》就记载：“俄又编竹而为团者，涂之以绿，浸变而以角为之，谓之团冠。复以长者屈四角而不至于肩，谓之亸肩。又以团冠少裁其两边，而高其前后，谓之山口。又以亸肩直其角而短，谓之短冠。今则一用太妃冠矣。始者角冠棱托以金，或以金涂银饰之，今则皆以珠玑缀之。其方尚长冠也，所傅两角梳亦长七八寸。习尚之盛，在于皇祐、至和之闲。”

△ 山西晋祠戴山口冠的侍女俑

△ 仁宗后戴凤冠，两侧侍女头戴花冠（台北“故宫博物院”馆藏南薰殿历代帝后像）

到了明代，明洪武初常服冠以各种类型的鸟雀区分不同等级，皇后用双凤翊龙，妃用鸾凤，以下各品分别用不同数目的翟、孔雀、鸳鸯、练鹊。不过不多时，朱元璋嫌礼制过繁，废除了帝王之下官员的冕服制度，相应也废除了皇后、太子妃之下命妇的传统礼服制度。洪武二十四年（1391年），将本为常服的大衫霞帔升格为命妇的礼服，冠制也进一步简化，统一为“翟冠”，各品级以翟数不同区分。翟即野鸡，形态上和凤鸟很接近。这样就形成了后妃使用凤冠，命妇使用翟冠的模式，延续至明末。

按明代《礼部志稿》中的记载，皇后的“双凤翊龙冠”上饰金龙一，翊以二珠翠凤，皆口衔珠滴。前后珠牡丹花二朵。蕊头八箇。翠叶三十六叶。珠翠穰花鬓二朵。珠翠云二十一片。翠口圈一副。金宝钿花九。上饰珠九颗。金凤一对，口衔珠结。三博鬓。饰以鸾凤。金宝钿二十四。边垂珠滴。金簪一对。珊瑚凤冠觜一副。

△ 头戴双凤翊龙冠的明宪宗孝贞纯皇后（台北“故宫博物院馆”藏南薰殿历代帝后像）

翟冠则冠身覆黑色绉纱，上头装饰各种珠结、点翠，用数量材质来区别品级，一般有珠翟、珠开头花、珠半开花、翠云、翠叶、翠口圈一个、宝钿花、翟一对并口衔珠结。两侧插弧形簪一对，用来固定冠。额部可佩戴皂罗额帕，上有珠翠装饰。

明代民间最流行的莫过于鬏髻头面。鬏髻指的是圆锥形头饰，佩戴时罩于头顶发髻之上，并配头面，各种头饰的组合，而头面一般由挑心（髻顶的簪）、分心（髻正面中心的簪）、花簪（髻正面侧边的簪）、花钿（髻正面底部的簪）、满冠（髻背面底部的簪）、掩鬓（髻两鬓的簪）、压鬓钗（髻两侧底部的簪）、耳环（耳坠）构成。鬏髻和头面共同构成“鬏髻头面”。

△ 明代命妇翟冠

明代还流行戴包头。包头又称箍儿、额帕，包于额头及脑后至发髻底部的布饰品，上面也可以装饰。

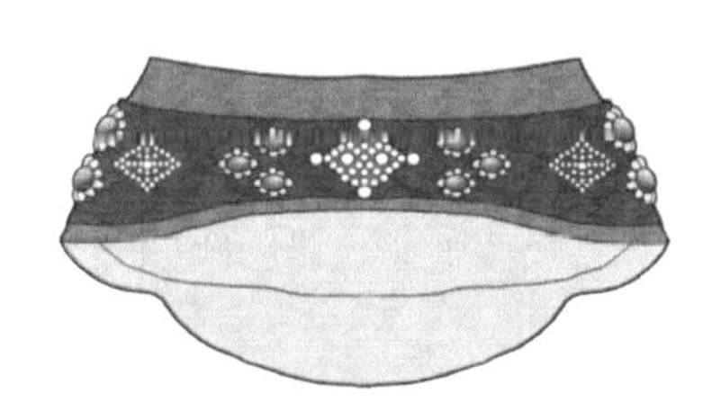

△ 包头

△ 䯼髻头面，出自《吴氏先祖容像》，明·倪仁吉绘

常见发饰：

笄，后世俗谓之簪子，是绾髻、固冠的用具。

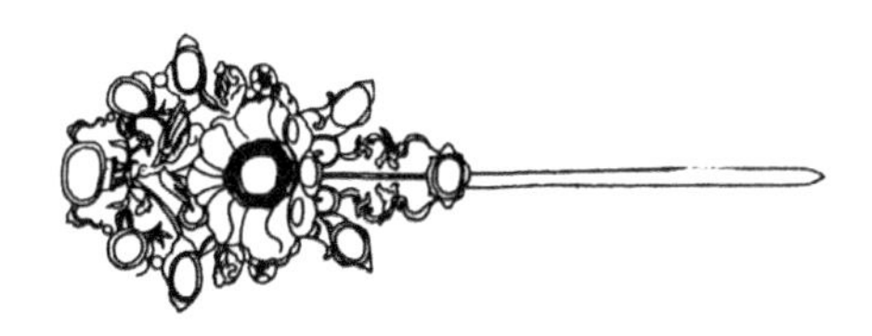

梳篦，文献中又称之为“栉”，是整理头发和胡子的用具。齿稀称梳，用于梳理头发；齿密称篦，用于清除发垢。也可用作发饰。另外，女子冠式通常还可配簪、钗、头面、包头等使用。

钗是由两股簪子交叉组合成的一种首饰，在装饰物的结尾处通常有流苏吊坠衬托。

步摇是具有绾发功能的发饰，饰有垂珠。在行走之时，下垂的金属珠玉会不停地摇颤或者撞击，发出清脆的响声，给人以视觉和听觉上的美感，所以称之为“步摇”。后来将步摇固定在冠上，这样的冠就称为步摇冠。

女子常见发式

先秦女子发式

先秦女子一般从小开始蓄长发，长大后在头顶两边结两个对称的小髻，其形状和牛角有点相似，所以名之为“总角”（所以古人也多将从小就结识的朋友称为“总角之交”）。也可以向下移到头的两侧或垂于两侧。

另外先秦时期还流行高髻、双丫髻、椎髻、凌云髻、垂云髻、迎春髻、参鸾髻、黄罗髻等。

△　湖北包山楚墓出土的擎铜灯梳高髻的楚女形象

汉代女子常见发式

西汉时发髻较低，东汉发髻偏高。为了弥补头发稀疏的缺陷，还用假发制成发髻。东汉时，规定皇后谒庙：“假结、步摇、簪珥”。

堕马髻

堕马髻是汉代最常见的发式之一。据《五行志》记载，为东汉梁冀的妻子所创。

倭堕髻

倭堕髻是由堕马髻演变而来，髻歪在头部的一侧，似堕非堕。

椎髻

椎髻又称椎结或魁结，是一种锥形的发髻。椎髻的特征是一束头发结成髻，形若锥，耸于头顶。

垂髾髻

多是未出嫁少女的发式，将发分股，结鬟于顶，不用托拄，使其自然垂下，并束结髾尾、垂于肩上，亦称燕尾。

高髻

东汉时，女子为了使得发髻增高，便往其中加入假发，使发髻看上去更为丰满。

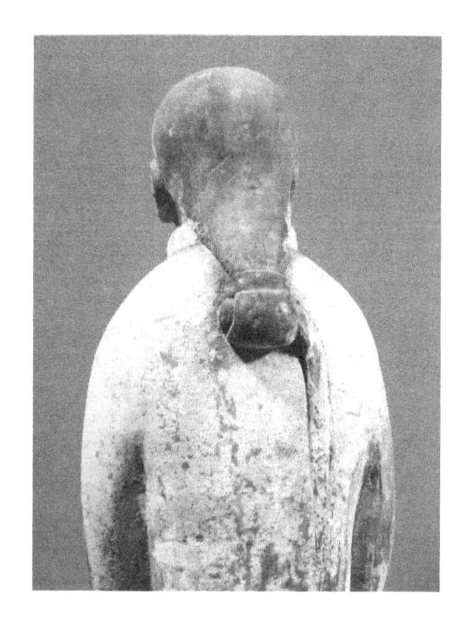

△ 西安任家坡出土梳堕马髻的陶俑（背面）

魏晋女子发式

魏晋南北朝时期妇女的发式名目繁多，比较著名的是灵蛇髻、飞天髻、盘桓髻、反绾髻、百花髻、涵烟髻、芙蓉髻、归真髻、凌云髻等。另外，魏晋女子也用假发来装饰自己，其中，"蔽髻""缓髻"是当时最受欢迎的假发式样。

飞天髻

飞天髻是把头发集中在头顶，分成几股，然后绾成圆环，高耸在上。这是在南朝刘宋时期比较流行的一种发式。

灵蛇髻

据说是曹魏时甄氏发明的，发髻就像蛇的身体一样扭曲盘旋。梳这种发髻的时候，一般都是把头发梳在头顶，然后汇成几股，再盘成各种形状。

云髻

云髻是魏晋南北朝妇女中最为典型的一种发式，就是把头发梳理成薄薄一片。

△ 《洛神赋图》中的飞天髻

唐代女子发式

唐代，随着国力的增强，社会空前繁荣，使唐代的服饰文化渐渐脱离了夏商周和汉魏六朝以来的古朴风尚，而趋向高贵华丽，女子发样也非常之多。

半翻髻

也称为翻荷髻，是唐初宫中流行的发式。

双鬟望仙髻

双鬟望仙髻是初唐和盛唐都流行的一种发髻，这种发髻的梳法是从正中把头发分成两股，拢到头顶两侧并扎两结，而后弯曲成环状，将头发编入耳后。梳这种发式的绝大多数是未婚女子。

惊鹄髻

惊鹄髻的梳挽方式就是反挽式，即将发拢住，然后由下而上，反挽于顶，其形呈惊鸟振动双翅状，故称“惊鹄髻”。

抛家髻

抛家髻主要流行于中晚唐时期，这种发髻的特点是脸庞的两鬓呈薄片状，靠近两颊，在头顶束发后向一侧出，其形如椎髻。

凤髻

凤髻也是唐代盛行的一种发髻。这种发式类似凤形，其上可并饰以金、银、宝、翠，高贵无比。

螺髻

螺髻是盘叠式的一种，即将发分股拢起，采用盘、叠、编的手法，把头发盘在头顶或两侧，起形如螺。螺髻分为单螺和双螺。

△ 唐代单螺髻形象
（徐光冀主编《中国出土壁画全集》，科学出版社，2011 年 1 月版）

宋代女子发式

宋代妇女的发式大体上仍然沿袭前朝历代的发式风格，其特点依然是崇尚高髻。宋代比较典型的高髻有朝天髻、同心髻、流苏髻、高椎髻等。

朝天髻

此发髻始于五代，在宋代盛行于世，不论尊卑，妇女皆用。这种发式梳编的方法是将头发梳至头顶，先编成两个圆柱形的发髻，再将其向前反搭，使之伸向前额，形成朝天状的高髻。

同心髻

除朝天髻外，同心髻在宋代妇女中也比较流行。其梳法也比朝天髻简单，只要将头发梳拢至头顶，编成一个圆形的发髻即可。

龙蕊髻

又称双蟠髻，是在宋代很常见的一种发式，这种发式的特点是将头顶分成两大股，用彩色的缯（丝带）捆扎，髻心很大。

△ 山西晋祠圣母殿梳朝天髻的宫女

明代女子发式

明朝初期女子发髻的式样在沿袭宋元的基础上，并没有太大的变化，但是到了嘉靖以后，由于新的审美元素的加入，明代女子发髻式样才逐渐有了许多新的变化，名称也越来越多，如松鬓扁髻、桃心髻、桃尖顶髻、鹅胆心髻、金玉梅花、三绺头等。总的来讲，明代女子发髻已逐渐趋于低矮、小巧式样，这种特征在江南一带更为明显。

松鬓扁髻

这是明代女子发髻中比较独特的式样，这种髻式成扁圆状、鬓发蓬松垂挂于脸颊，几乎掩住了双耳。女子梳这种发式显得格外庄重、典雅。

三绺头

“三绺头”是一种“前发高束，形似凤凰头”的发型，先把头发的中间部分梳理上去，只留下两边各垂下一缕头发，用手按住，只把发角用手绕一绕，用发针固定在耳后，再梳根独辫用黑毛线捆牢。

足里乾坤大

鞋与袜，合称为足服，其发展也经历了从无到有、从简到繁、从粗到精的过程。从最早的保暖、保护作用，发展到象征身份、地位，可以搭配身上所穿的衣服。鞋的种类大致分为鞋、靴两大类。

鞋根据穿着场合的不同又分为舄和履。舄是最高等级的鞋，一般与高级别的礼服搭配，从周至明，历代沿用。而较为随意的场合多着履，履是浅口的鞋子，春秋时出现了翘头履的款式，汉代翘头履开始分叉，称为岐头履，唐代翘头履称之为高墙履、重台履，而到了明代，又流行云头履等。

△ 赤舄
出自《明宫冠服仪仗图》

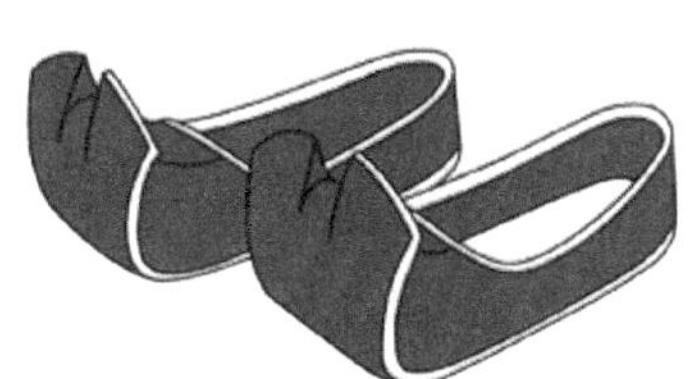

△ 岐头履

△ 云头履

靴指的是高筒的鞋子，本属军服，隋制，除军用场合外，穿靴被视为无礼；唐代无论贵贱，皆爱穿靴，较为流行的一种款式叫作乌皮六合靴，但只在一般场合使用；宋初，仍用履搭配公服使用，到了宋代中期之后，才将穿靴制度纳入礼仪系统，与礼服搭配使用；到了明代，靴子的穿着运用到各式各样

△ 乌皮六合靴

的场合，皂靴为百官朝服之属，面料采用黑色皮、缎、毡等，形制为“底软衬薄，其里则布也，与圣上履式同，但前缝少菱角，各缝少金线耳。频加粉饰，敝则易之”。在冠服制度之外，毡靴是一种颇为实用的明代足衣。其靴筒有内外两层，内衬毡，穿着暖和。其外层处可贮放名帖、钱柬及文书等物。缎靴用缎缝制。此外，明代靴子式样还有方头靴、虎头靴和粉底靴。方头靴，靴头呈方形，略上翘。其制上袭元代，下至清代。虎头靴，在鞋头饰有虎形状。粉底靴，底部用多层革、布、纸或木制成厚底，外涂白粉或白漆，鞋头多为圆头或方头。

为了维护社会等级制度，明政府对鞋靴制度做了严明的规定。据《明史·舆服志》记载，洪武三年（1370年）规定，男女靴鞋不得裁制花样、金线装饰。洪武二十五年（1392年）朝廷又进一步下令：严禁庶民、商贾、技艺、步军、余丁及杂役等穿靴，只能穿皮札（革翁），唯独天寒地冻的北方地区允许用牛皮直缝靴。所谓“皮札(革翁)”是指穿时先将皮

△ 皂靴

统缚于小腿，下面再穿鞋履。

袜，古称脚衣，用布料缝制或编织而成，袜是足服的一部分，不穿袜子被视作一种无礼的行为。

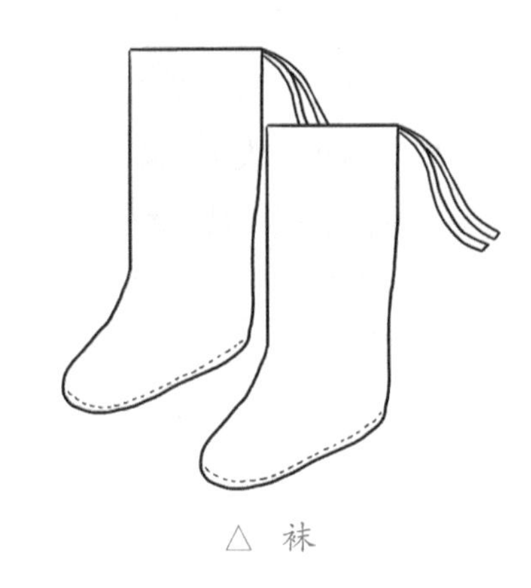
△ 袜

膝裤，即无底袜，用布料缝制，底边盖住脚背。《陔馀丛考·袜膝裤》称：“俗以男子足衣为袜，女子足衣为膝裤；古时则女子亦称袜，男子亦称膝裤。今俗袜有底，而膝裤无底，形制各别。”

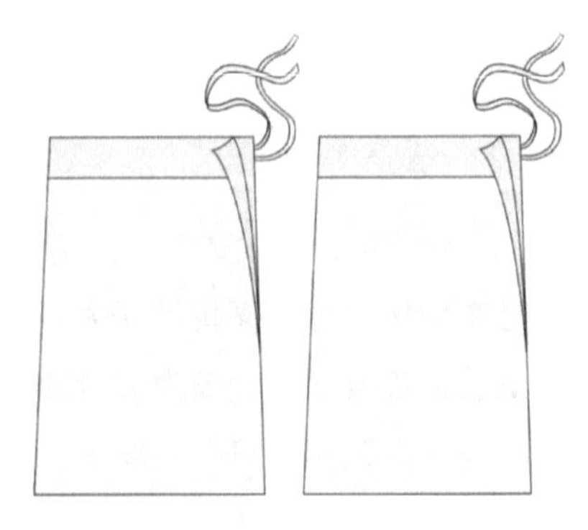
△ 膝裤

周朝制定礼仪之后，也讲服饰与纹样结合，其中《虞书·益稷》篇中记有："予欲观古人之象，日、月、星辰……以五彩彰施于五色，作服汝明"。定冕服绣十二章纹，并被视作先王法服中最隆重的礼仪服饰。此外礼仪服饰中还有翟纹等。在日常服饰运用中，云纹、联珠纹、团窠纹等应用广泛，到了明代服饰纹样发展到了顶峰，品官服饰的补子纹样、节庆时期的应景纹样以及诸如柿蒂纹、喜相逢、云肩纹，四合如意云纹等，是其中的代表。

1. 十二章纹：用于冕服的纹样，有日、月、星辰、山、龙、宗彝、华虫、藻、火、粉米、黼、黻共十二种。十二章为章服之始，以下又衍生出九章、七章、五章、三章之别，按身份递减。

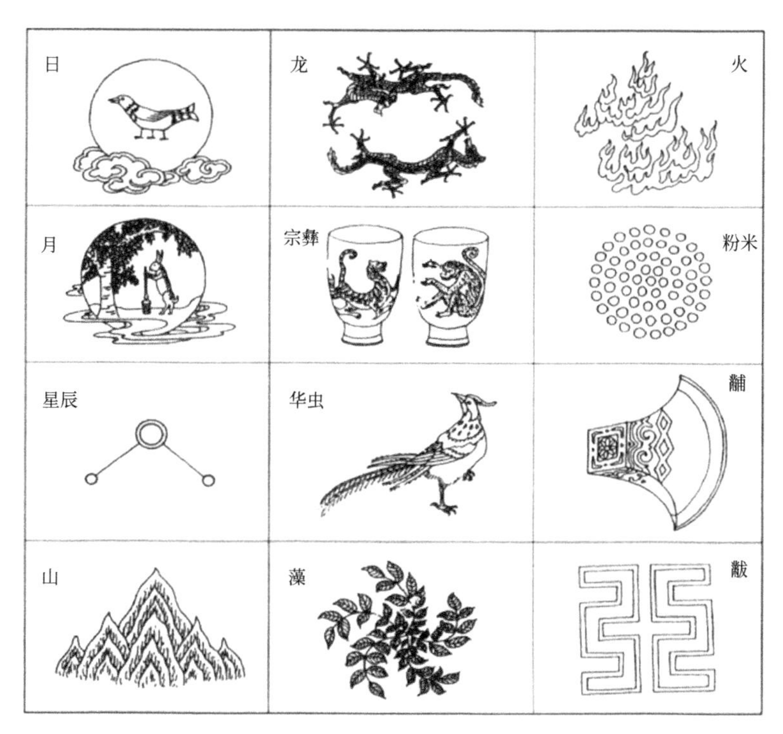

△ 十二章纹

（摘自沈从文《中国古代服饰研究》，商务印书馆，2011 年）

2．云肩纹：位于肩部，纹样外轮廓呈云肩形，也称柿蒂纹。

3．襕纹：外形为横向长条状的纹样。根据位置分为通袖襕纹、腰襕纹、膝襕纹、底襕纹四种。

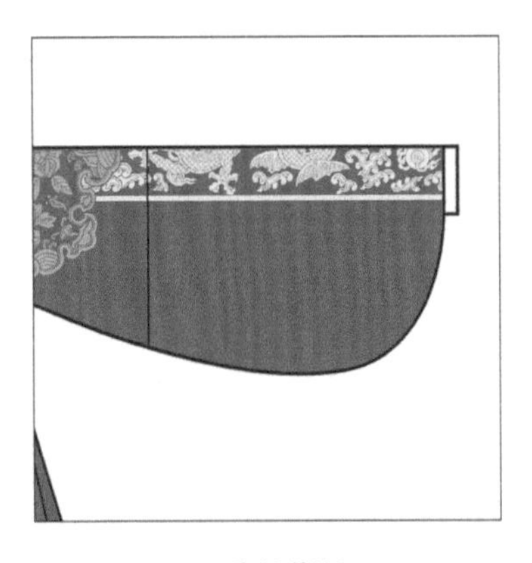

△ 通袖襕纹

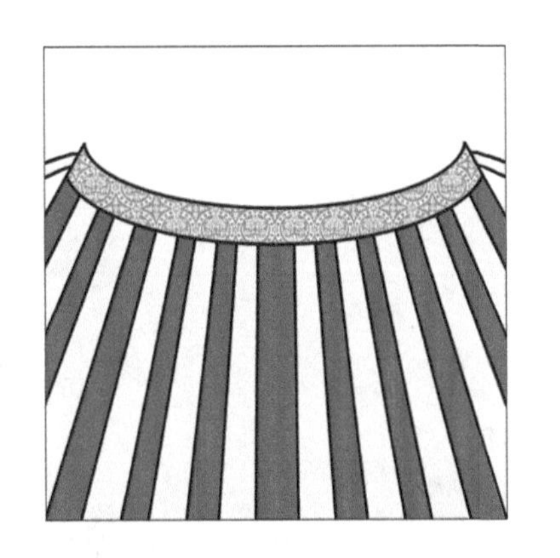

△ 腰襕纹

△ 膝襕纹

△ 底襕纹

4. 团纹：外形为圆形的纹样。

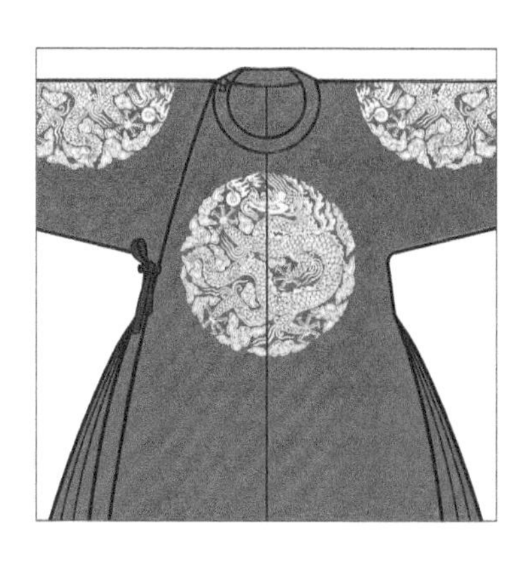

5. 胸背纹：位于胸口和背部，

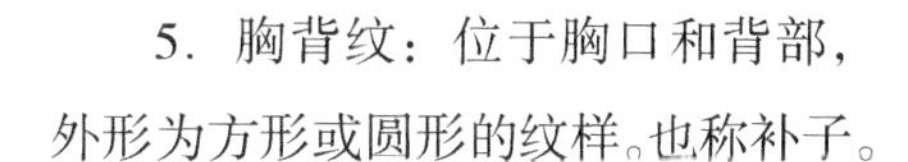

外形为方形或圆形的纹样。也称补子。

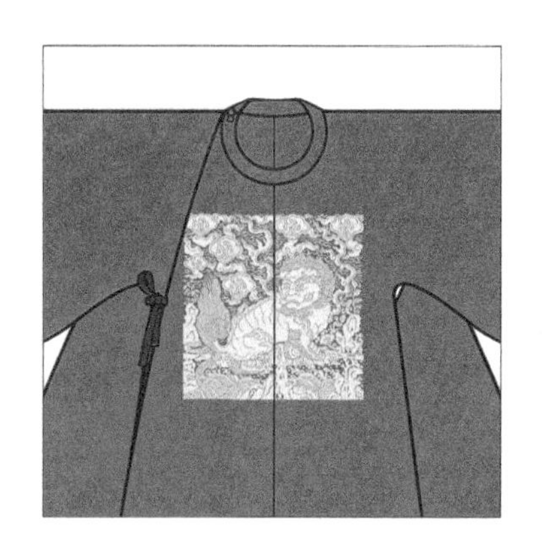

6. 连续纹：以一个单位重复排列形成无限循环、连续不断的纹样。

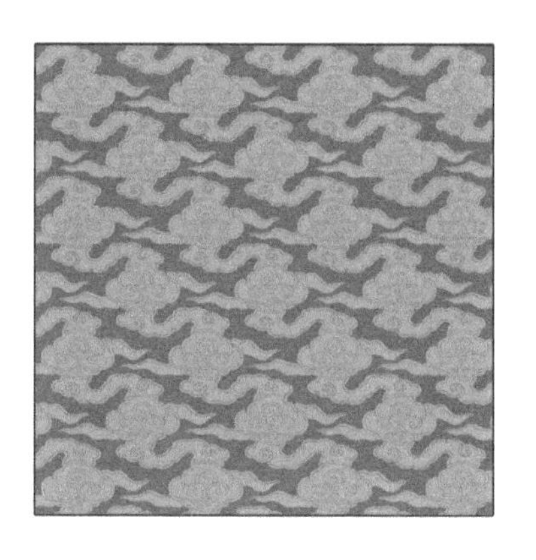

7. 衣缘纹：位于衣服缘边呈长条状的纹样。

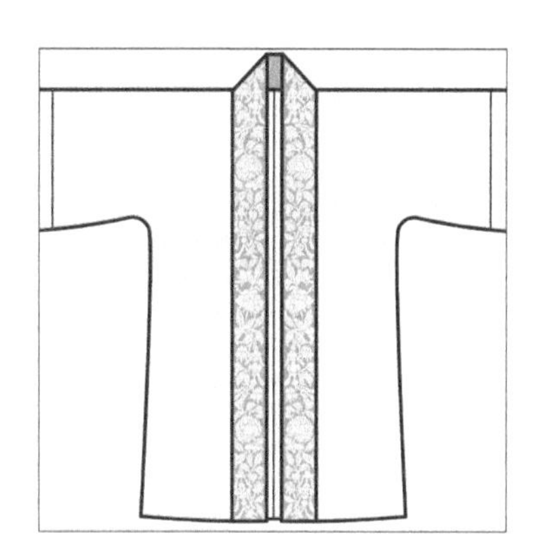

五 汉服的搭配类别

汉服按照搭配风格和场合，分为礼服、正装、便装三大类。

礼服

礼服是汉服体系里面非常重要的部分，通常来说，礼服的礼仪性高出了实用性。礼服侧重塑造庄重、有秩序的形象，因此历代的礼服都相对较为“保守”，不易受流行因素的影响，发展相对稳定，是经典的汉服。对于现代而言，礼服主要用于祭祀、婚嫁、成人礼等重要场合，如果穿着礼服走街串巷是不得体的，同时穿着礼服还应需注意举止文雅，衣冠整洁，并且最好是成套穿用。

正装

正装又称常服，其规格低于礼服，所以使用场合以及搭配方式都没有礼服要求那样严格，但同样需注意整体风格的和谐统一。常服主要用于庆典、迎谒、节日、饮宴等场合。常服带有正式性，因此对人的行为活动会产生一定的限制。

便装

便装通常衣袍较为窄小，舒适且便于运动，一般包括裙、袴、襦、衫等。便装的搭配更为灵活多变，以便利为主，通常采用舒适且较为朴素的面料制作，适用于居家、出行等。

根据典籍记载和考古发现，华夏先民们在夏、商时期就已经形成了独特的服饰体系，但因年代久远、资料零散，我们今日只能根据一些后世的间接资料进行推断，到了周代时，服饰体系基本形成。

周制以礼治国，于是在礼的体系下出现了天子六冕、王后六服，以及爵弁、韦弁、皮弁等。至于战国深衣，虽然战国木俑中有所显示，但是深衣形制究竟体现多少，服饰界、考古界一直争论不休，直至长沙楚墓发现的两幅帛画、江陵马山楚墓出土的深衣，才为我们提供了较为可靠的形象资料。其他如商周时期用于各种职务上的服饰，只可从众多玉雕人物立像、人形玉饰、青铜人形器座、铅铸人形器座、木俑和采桑宴乐水陆攻战纹壶等艺术品上得以推测。

△ 战国着矩领袍服玉人俑

理想构建中的《周礼》服饰

中国一直将“法先王”作为正统思想，尤其以周礼最受推崇，历朝历代开国之后，制作礼仪服饰时无不以《周礼》为蓝本。

《周礼》中对服饰的规定十分完善，但是由于年代久远、朝代更迭，实际上的周代服饰是什么样子，已经无人知晓。因此历代会根据《周礼》记载，结合当时的实际情况，制作符合自己心目中《周礼》的服饰。

到了宋代，人文荟萃、大儒辈出，儒学发展达到高峰。许多大儒考证周礼，制定服饰、礼仪，为后世留下了严谨而翔实的资料。同时宋代也是中国古代哲学思想的鼎盛时期，是《周礼》理想构建的巅峰。本章就用宋代文献对照《周礼》来进行阐述。

男子礼服

周代祭祀场合穿戴冕服。“衮冕黻珽，带裳幅舄，衡紞纮綖，昭其度也”。按照《左传・桓公二年》的记载，周代一件完整的冕服包含了衮、冕、黻、珽、带、裳、幅、舄、衡、紞、纮、綖这些部位。衮指的是绘制和刺绣上各种图案的彩色上衣。冕是帝王戴的顶上有平板的冠帽。黼指的是黼纹。珽指的是玉圭。带指的是腰间的革带。裳指的是下身穿着的长裙。幅指的是斜幅，也叫作行縢，指的是缠在腿上的宽布带。舄指的是用红色丝线编织的鞋。横是用来固定冠冕的头饰。紞指的是用来系瑱（冠冕上垂在两侧以塞耳的玉）的带子。纮指的是系冠的丝绳。綖指的是冠顶上平覆着的长方形板，宽八寸，长十六寸。

冕服出现于夏代，《论语》中记载夏禹时期“恶衣服，而致美乎黻冕”，即大禹不在意自己衣裳而看重公家的制服。商朝是有确切文字记载的朝代，《尚书》记载：“伊尹以冕服奉嗣王归于亳”，证明冕服确实存在。在甲骨文中也发现了“冕”字，与殷王的自称同时出现，也可佐证。

周朝是冕服制度正式确立的时代，冕服等级从高到低分为大裘冕、衮冕、鷩冕、毳冕、絺冕、玄冕六种，因此叫“六冕”。六冕主要以冕冠上“旒”的数量、长度与衣、裳上装饰的“章纹”种类、个数等内容相区别，但都是黑色上衣配红色下裳，即所谓的玄衣纁裳。周制，天子服六冕。公五冕，服衮冕以下。侯伯服四冕，服鷩冕以下。子男服三冕，服毳冕以下。孤服两冕，服絺冕以下。卿大夫服玄冕。各级人员在重大祭祀场合，祭拜先王、宗庙的时候，需要穿着自己所属级别可以穿的最高级别的冕服。

大裘冕为王祀上天时所穿戴的衣冠，冕与中单、大裘、玄衣、纁裳配套。衣绘山、龙、华虫三章花纹，裳绣藻、火、粉米、宗彝、黼、黻六章，共九章，冕无旒。衮冕指的是祭祀先王之服。衣绘山、龙、华虫三章，裳绣宗彝、藻、火、粉米、黼、黻六章，共九章，王冕十二旒。鷩冕是周代祭祀先公、乡射时穿的礼服，鷩是一种雉的名字，即华虫。衣绘华虫、火、宗彝三章。裳上绣藻、粉米、黻、黼四章，共七章，冕九旒。毳冕王祀四望山川的礼服，与中单、玄衣、纁裳配套，衣绘宗彝、藻、粉米三章，裳绣黼、黻二章花纹，共五章，冕七旒。絺冕是王祀社稷五谷时所穿的冠服。衣绘粉米。裳上绣黻、黼两章，共三章，冕五旒。玄冕是王祀群小的冠服，衣无纹饰，裳仅绣黻一章，冕三旒。

△ 宋代聂宗义《新定三礼图》中绘制的周礼六冕

女子礼服

冕服制度是男子中最高级的服章制度，共有六冕，而后妃命妇的翟衣之制也是女子最高等级的服章制度。“内司服，掌王后之六服，袆衣，揄狄，阙狄，鞠衣，展衣，缘衣，素沙。辨外内命妇之服，鞠衣，展衣，缘衣，素沙”，这是先秦时期对于翟衣最早的记载。袆衣，揄狄，阙狄合称三翟，为王后祭祀所服，“狄”与“翟”通，指的是有雉鸟纹饰的衣服。袆衣画翚雉，服色为玄色；揄翟画摇雉，服色为青色；阙翟只画其形而不上色，服色为赤色。鞠衣、展衣、缘衣是王后之常服，鞠衣服色如桑叶，是王后春之所服。展衣服色为白色，是王后朝见天子，会见宾客所服。缘衣是王后燕居所服。素沙即素纱，为六服之衬里。

王后有六服，侯伯夫人则服揄狄以下五服；三夫人、公之妻、子男夫人服阙狄以下四服；九嫔、孤之妻服鞠衣以下三服；世妇、卿大夫之妻服展衣以下二服；女御、士之妻服缘衣。

△ 《新定三礼图》中的皇后六服

爵弁服

爵弁服的服饰和冕服类似，是比冕服次一等的礼服。爵弁服是周代士人助君祭及亲迎（即婚礼迎亲）等场合所服之服，同时也可作士冠礼三加之礼冠。比冕次一级，形制如冕，但没有前低之势，而且无旒。色如雀头，赤而微黑。其形广八寸，长一尺六寸，前小后大，用极细的葛布或丝帛做成。这里说的长与宽指的是爵弁顶上的板状物的长宽。通常戴爵弁时所穿着的是爵弁服。《仪礼·士冠礼》："爵弁服：纁裳、纯衣、缁带、韎韐"。郑玄注："爵弁者，冕之次，其色赤而微黑，如爵（雀）头然。或谓之緅。其布三十升。"又："爵弁、皮弁、缁布冠，各一匴。"郑玄注："爵弁者，制如冕，黑色，但无缫耳。"

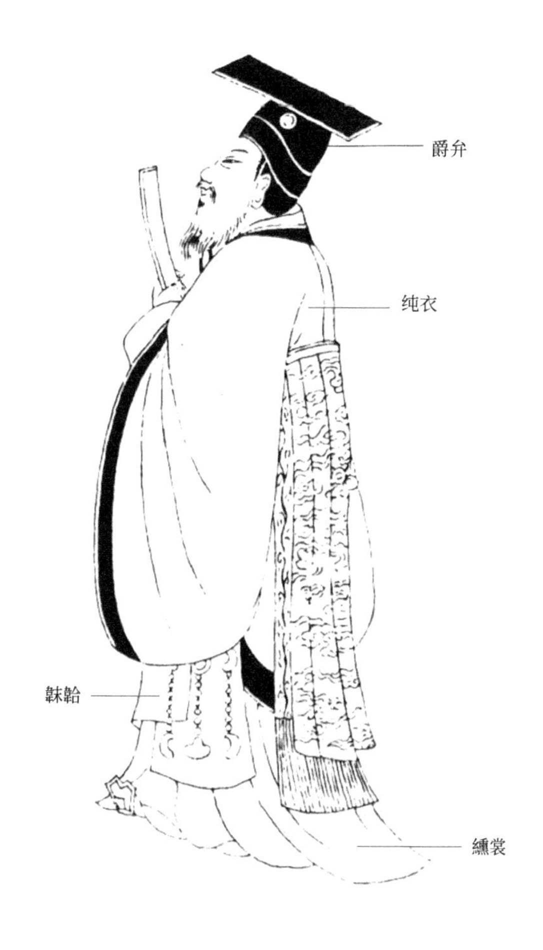

朝服玄端

玄端为天子平时燕居之服。诸侯祭宗庙，大夫、士早上入庙，叩见父母穿玄端。玄端衣袂和衣长都是二尺二寸，玄端服为上衣下裳制，玄衣用夏布十五升，幅宽二尺二寸，因为古代的布幅窄，只有周尺二尺二寸，所以每幅布都是正方形，端直方正，故称"端"。又因玄端服无章彩纹饰，也暗合了正直端方的内涵，所以这种服制称为"玄端"。所谓衣裳之制，

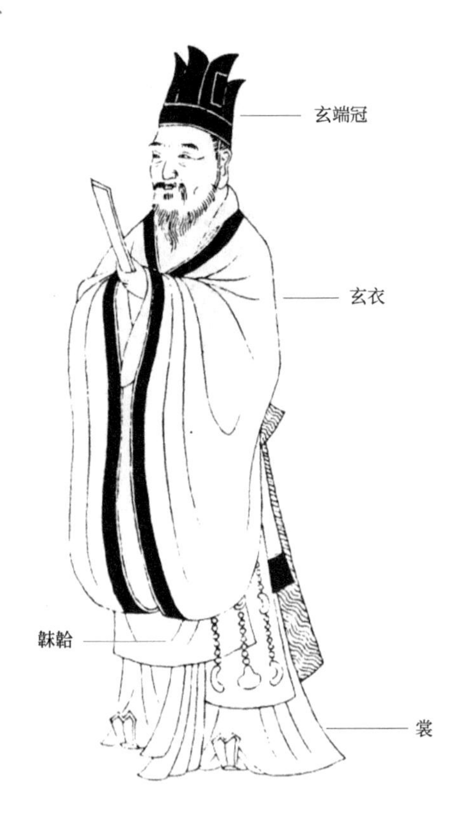

玄端主之。可以临祭，可以燕居，上自天子，下及士夫。上士以玄为裳，中士以黄为裳，下士以杂色为裳，天子、诸侯以朱为裳。

皮弁服

周代诸侯、卿大夫等视学、举行乡饮酒礼、释菜时着皮弁，天子视朝时也穿着皮弁。皮弁指的是用白鹿皮做成的冠。天子皮弁冠饰十二玉，公冠饰九玉，侯伯冠饰七玉，子男五玉，孤三玉，卿大夫两玉。士无玉饰。皮弁是天子视朝时的服饰。白布衣，素色下裳，白蔽膝，素色腰带，配山玄玉，着白舄。

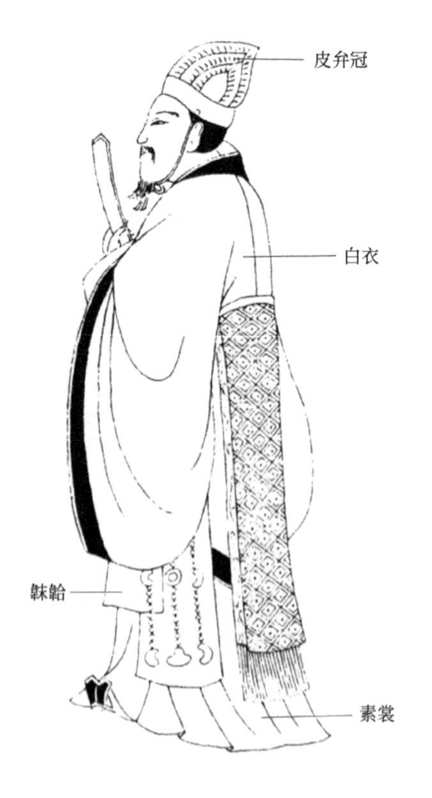

韦弁服

周代指挥作战时规定要穿韦弁服。韦弁，是以韎韦为弁，韎即赤色的意思，因为赤色代表勇武，所以用赤色作为指挥作战的服色。天子韦弁冠饰十二玉，公冠饰九玉，侯伯冠饰七玉，子男五玉，孤三玉，卿大夫两玉。士无玉饰。

现实中的周代服饰

前文讲到了后世人们构建的理想中的周代服饰，那么现实中的周代服饰是什么样的呢？在古代，由于技术和观念的局限，人们只能通过文字记载来构想周代服饰。到了现代，得益于考古学的发展、周代文物的出土，让人们得以窥见真实的周代服饰。

周代毕竟年代过于久远，能够得到的信息不过是只鳞片爪，但是通过已有的发现可知，现实中的周代服饰，应当也是符合当时生产力发展的。通过周礼体系的归纳整理，后人将其赋予了特别的人文意义。

深衣

古者深衣，盖有制度，以应规、矩、绳、权、衡。短毋见肤，长毋被土。续衽，钩边。要缝半下；袼之高下，可以运肘；袂之长短，反诎之及肘。带下毋厌髀，上毋厌胁，当无骨者。制十有二幅以应十有二月。袂圜以应规；曲袷如矩以应方；负绳及踝以应直；下齐如权衡以应平。故规者，行举手以为容；负绳抱方者，以直其政，方其义也。故《易》曰：坤，“六二之动，直以方”也。下齐如权衡者，以安志而平心也。五法已施，故圣人服之。故规矩取其无私，绳取其直，权衡取其平，故先王贵之。故可以为文，可以为武，可以摈相，可以治军旅，完且弗费，善衣之次也。具父母、大父母，衣纯以缋；具父母，衣纯以青。如孤子，衣纯以素。纯袂、缘、纯边，广各寸半。

——《礼记·深衣》

早在商周时代，深衣便有了形制上的规定，矩领，续衽、钩边。到了战国时期，深衣发展出了曲裾、直裾的式样。到了秦汉时代，依然可以见到曲裾与直裾的身影——江陵马山楚墓、马王堆汉墓所出土服饰便是其中典型的代表。及至魏晋，又出现了“杂裾垂髾”的深衣款式。南北朝战乱频频，服饰制度遭到了破坏，到了唐代，又出现了襕衫式样的深衣。

从宋代开始，深衣的概念被时人所推崇，司马温公深衣，朱子深衣等，明代又以朱子深衣为蓝本，创造出了明代的深衣款式。

△ 春秋山西侯马立人陶范

深衣之用，上下不嫌同名，吉凶不嫌同制，男女不嫌同服。诸侯朝朝服，夕深衣；大夫、士朝玄端，夕深衣；庶人衣吉服，深衣而已。此上下之同也。有虞氏深衣而养老，诸侯、大夫夕皆深衣，将军文子除丧而受越人吊，练冠深衣。亲迎女在涂，婿之父母死，深衣缟总以趋丧。此吉凶男女之同也。盖深衣者，简便之服，虽不经见，推其义类，则非朝祭皆可服之，故曰“可以为文，可以为武，可以摈相，可以治军旅也。”

——宋·吕大临《礼记解》

深衣是中国历史上第一种被记录的衣服样式，它“用布十二幅”，用十二幅布来制作，这十二幅布便代表了一年十二个月。衣长短不能露出脚背，长不能拖地，侧边要有续衽、钩边。腰围是下摆的一半，袖宽要方便活动手臂，通袖要回肘。这与《易经》的记载也是相符的。符合这些的叫作“先人法服”，而后人的服章制度又莫不遵从“先人法服”，即所谓的“非先人法服不敢服”。每当衣服礼仪的审美因民众的好奇而偏离正轨的时候，总会有那些儒生们制作出服章制度，以其微薄之力，来维护衣冠的形象，并以此传承，让大家接受衣冠礼仪的概念。

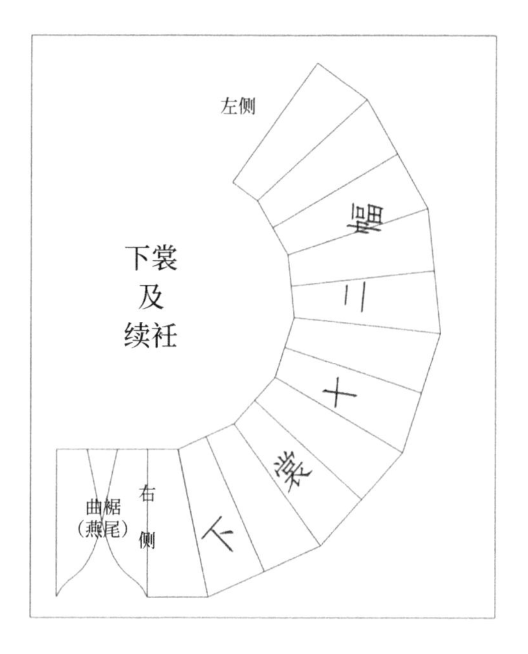

直裾袍

战国马山楚墓出土文物是战国时期所谓深衣的典型代表，共出土了6件直裾，为目前所见的最早的实物。从实物来看，马山锦袍和禅衣样式基本相同，即前身、后身及两袖各为一片，每片宽度与衣料本身的幅度大体相等。右衽、交领、直裾。腋下缝小腰，衣身、袖子及下摆等部位均平直。

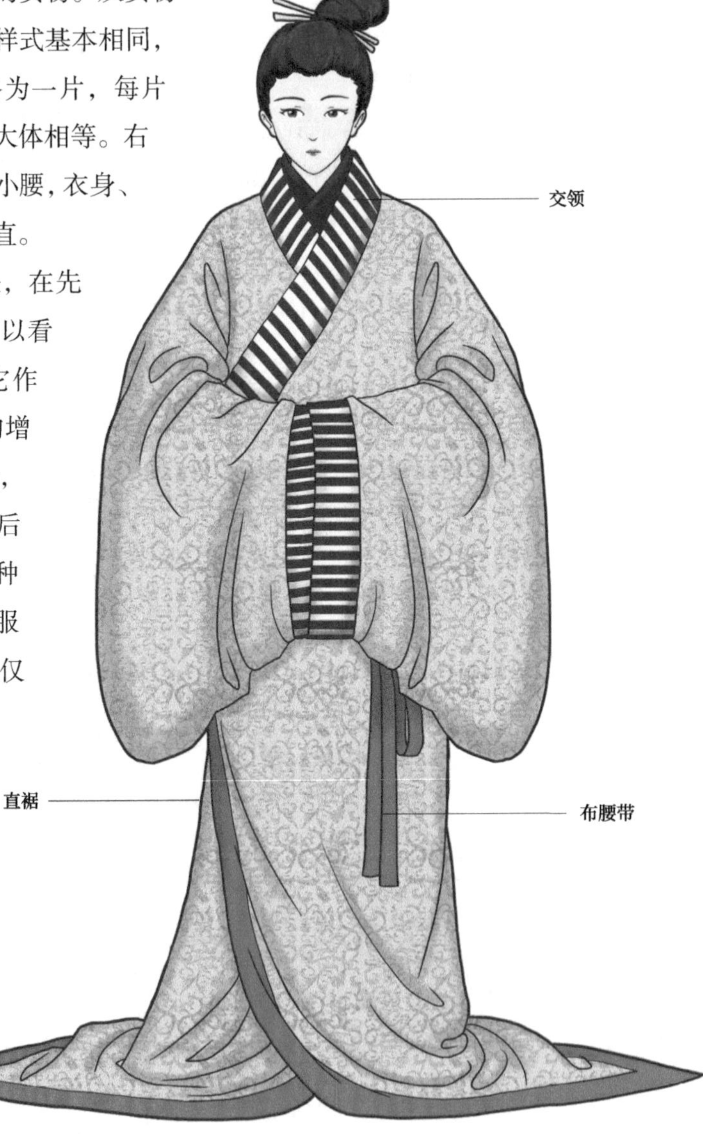

尤其值得一提的是，在先秦服饰中，我们经常可以看到一个小腰的结构，它作为一种“续衽”的结构增加了袖底和胸围的放量，并且将衣襟的前片推向后背，形成“钩边”。这种结构充分证明了当时的服装结构设计与技术不仅仅有中国服饰传统意义上的平面剪裁，同时已经充分地体现了当时的“立体化意识”。

战国时期的直裾袍虽然不属于深衣古制，但从外观和结构看却与深衣制有着明显的关联。

它们均为“连衣裳纯之以采”的通裁制，在结构上采用了“续衽钩边”的样式。

△ 战国马山楚墓小菱纹绛地锦锦衣

燕尾袍

先秦时期根据袍裾不同，有曲裾、直裾、燕裾等。袍裾就是袍的下摆，原本专指衣背下部，后泛指整个下摆。下摆形如燕尾，也叫燕裾。原本为士庶便服，贵族妇女也多有穿着，贵族妇女穿着时燕裾加长。

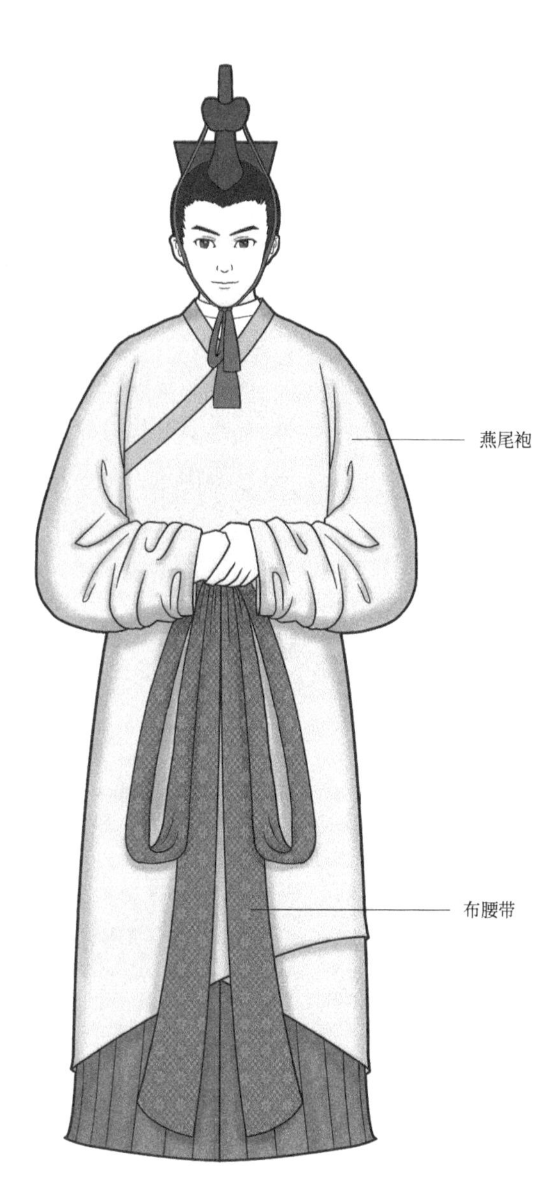

△ 故宫博物院藏战国玉人

△ 汉代男子早、中、晚期服饰示意

汉代服饰较先秦服饰更加立体，但汉代文献对汉代服饰大多只是提及名字，一带而过，因此对于服饰名词的理解较为困难，容易产生歧义。汉代男女服饰在款式上差别不大，主要区别在于服饰色彩、纹饰、配饰等方面。尤其是西汉早中期。男女服饰色彩、纹饰也极其相似。到了西汉末期，服饰才渐渐有了区分，并且差别非常大。

△ 汉代女子早、中、晚期服饰变化示意

袀玄

秦代，秦始皇废除六冕制度，仅保留了一套全黑的祭服，称之为袀玄。《后汉书·舆服志》载："秦以战国即天子位，减去礼学，郊祀之服，皆以袀玄。"西汉继承了秦代的服饰制度，以袀玄为皇帝大朝服，皇帝四季常朝服则以五色。立春服青，立夏服赤，季夏服黄，立秋服白，立冬服黑。文官服黑色，武官服红色。皇帝大朝冠刘氏冠，常朝用通天冠，诸侯用远游冠，文官用进贤冠，武官则戴武冠。官员以印绶区分等级。

所属分类：礼服

正式程度：★★★★★

现代适用场合：正式社交，大型活动等

△ 乐浪汉墓出土漆器

通天冠
通天冠：也称高山冠，其形如山，正面直竖，以铁为冠梁。
大带：早期用来佩挂刀剑，后转化成礼仪用带。
大带
绶带：汉代服饰中有佩绶制度。绶是用彩丝织成的长条形饰物，通常打成回环，使其自然下垂。皇帝用黄、赤、绀、缥。
绶带

进贤冠：是汉代最普通的一种冠饰，一般为文官和儒生日常所戴，它是由先秦时期的缁布冠演变而来。下面是一个套在头上的冠圈，冠圈上装有用铁或竹、木所做的冠梁。公侯的冠上装三道梁，二千石至博士级别的官员，冠为两道梁。博士以下的吏员与儒生们的冠则只有一道梁。

带钩：古称“犀比”，起源于西周，战国至秦汉广为流行。

绶带：文官用青白红三彩绶。

武冠：又叫武弁大冠，是武官首服。

绶带：武官用紫白二彩绶。

直裾袍

直裾，就是垂直的衣裾。制作时将衣襟接长一段，穿时折向身背，直通到底。襜褕是汉代典型的直裾袍。汉代字书《急就篇》：“襜褕，直裾襌衣。”而襌衣与同制深衣，衣裳不殊、裾幅通直。在西汉时期，直裾襜褕多用于女子便服。男子穿着直裾襜褕会被视作失礼的行为。《史记·魏其武安侯列传》：“元朔三年，武安侯坐衣襜褕入宫，不敬。”《史记》“三家注”则记载：“谓非正朝衣，若妇人服也。”到了东汉时期，不分男女、士绅官员，都穿着直裾襜褕。

所属分类：正装

正式程度：★★★★

现代适用场合：正式社交，大型活动等

△ 马王堆出土的直裾袍

曲裾袍

曲裾，指的是具有“续衽钩边”结构的一种深衣，是先秦深衣的一种保留结构。曲裾后片衣襟接长，加长后的衣襟形成三角，经过背后再绕至前襟，然后腰部缚以腰带，可遮住三角衽片的末梢。“衽”是衣襟。“续衽”是将衣襟接长，而“钩边”则是指的绕襟的样式。先秦时曲裾作为男子服饰出现，发展到了汉代才男女皆可穿着。

所属分类：正装

正式程度：★★★★

现代适用场合：正式社交，参加活动等

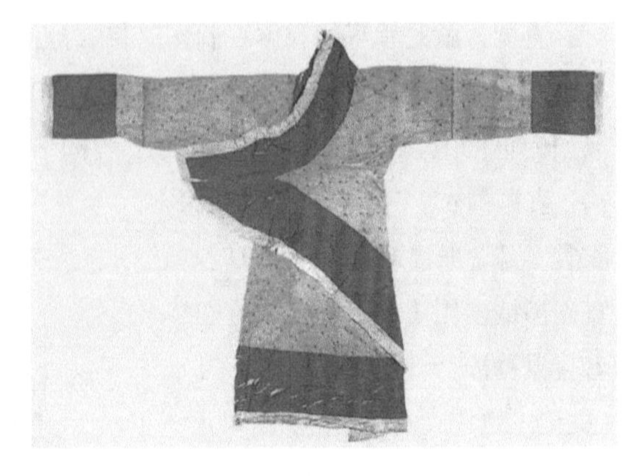

△ 马王堆出土的曲裾袍

垂胡袖有两种说法，一种指的是袖型如黄牛喉下垂着的那块肉皱（学名称为“胡”），另外一种说法来自“胡袖”，“垂胡袖”即“胡袖”。

盘领补服

明制汉服的正装款式，品官常服上缀补子或胸背纹，赐服则用云肩通袖膝
两侧开衩有外摆。是正式服装和较为隆重的礼服之一，适用于各类隆重

服参考孔府旧藏文物，盘领大襟款式，双前摆，大红色为底布，前后缀
鹤补，应是明代晚期风格。

身右片
左片
外摆
接袖

按照
贴。
线，

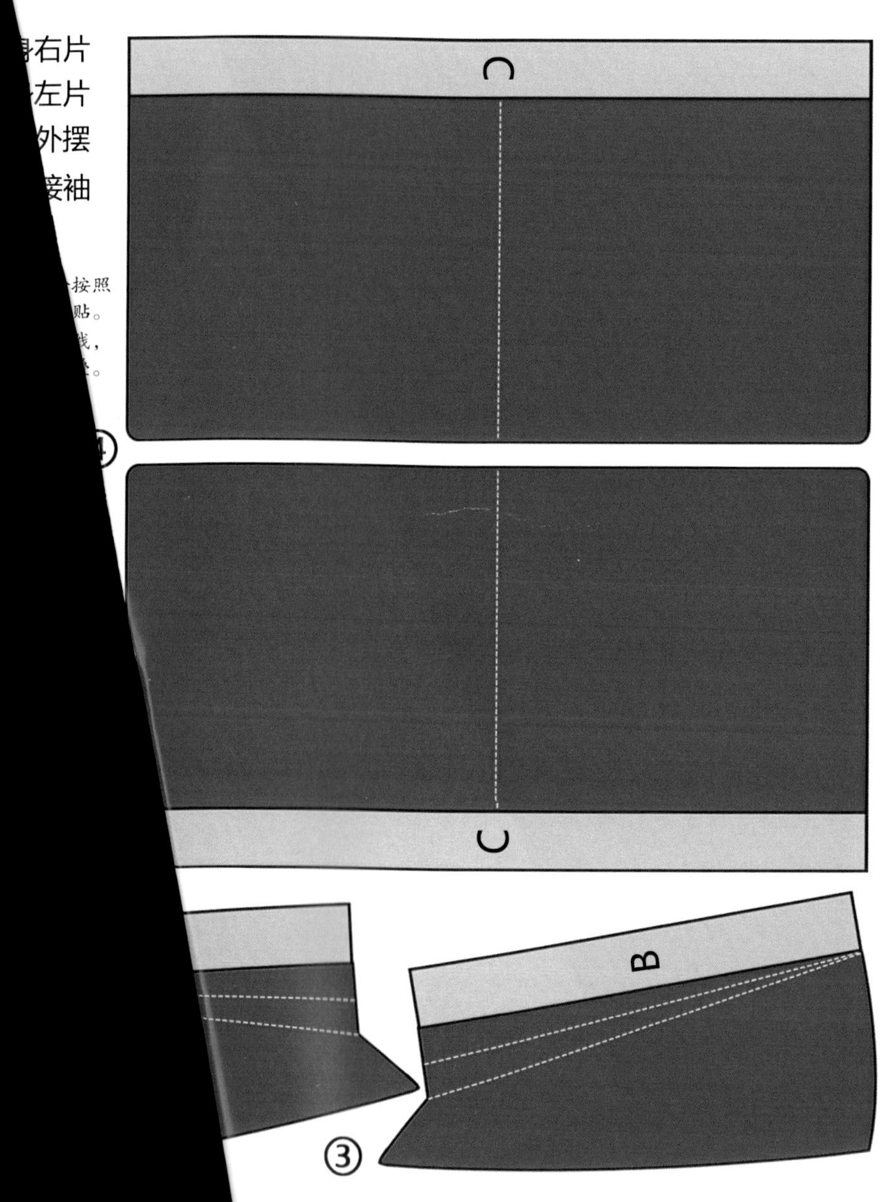

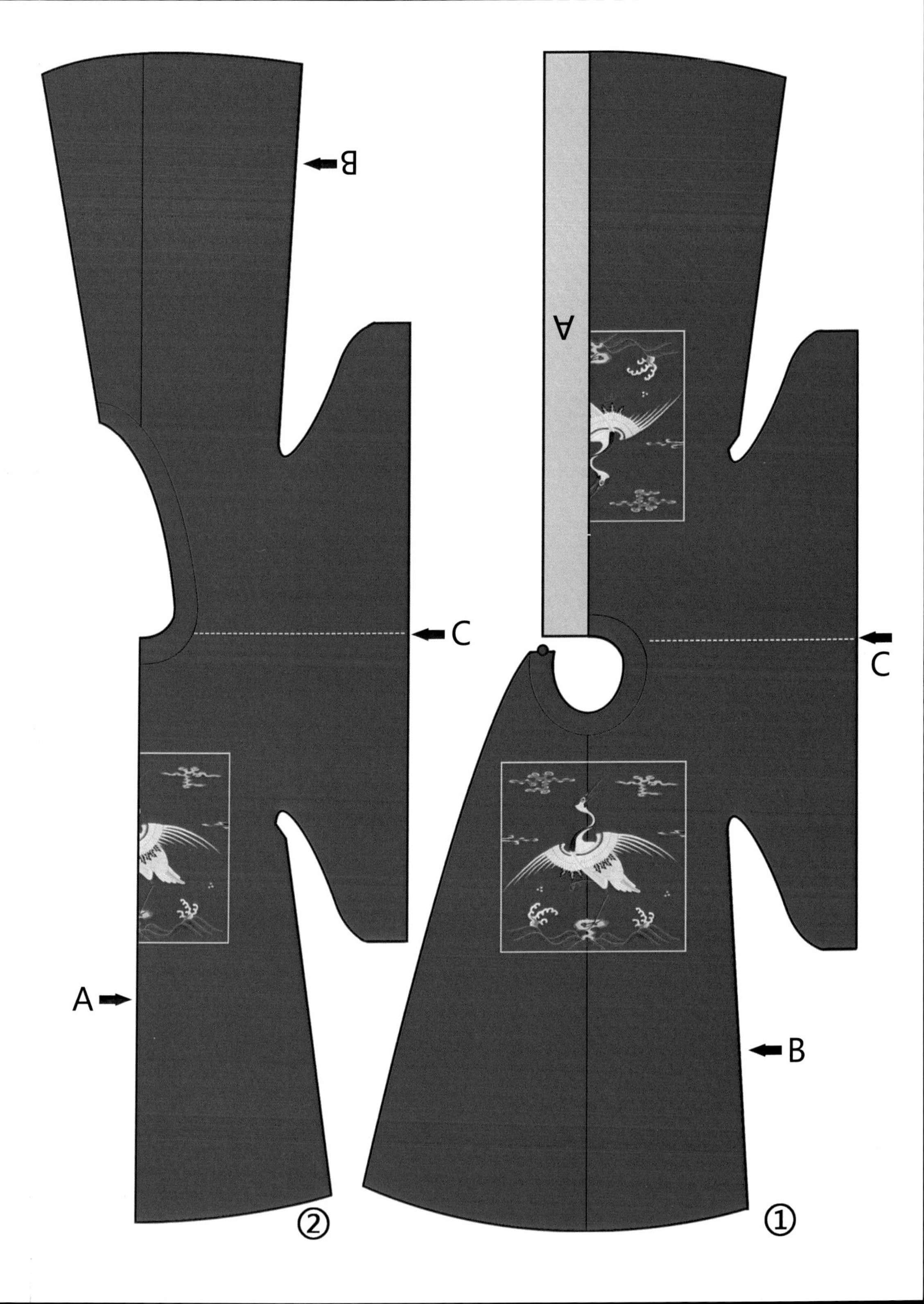

明
属
襕纹
场合。
本款
单禽仙
① 大
② 大
③ 左右
④ 左右
注意事项：
剪下后灰色部
字母箭头指示
白色虚线为折叠
需要自行手工折
B

唐盘领缺胯袍

盘领缺胯袍也可称为缺袍，是唐代无论官民、男女都爱穿的一种服装形制，与盘领襕袍相比，盘领缺胯袍两侧开衩，下摆不加襕。

① 大身右片

② 大身左片

③ 接袖

注意事项：

剪下后灰色部分按照字母箭头指示粘贴。

白色虚线为折叠线，需要自行手工折叠。

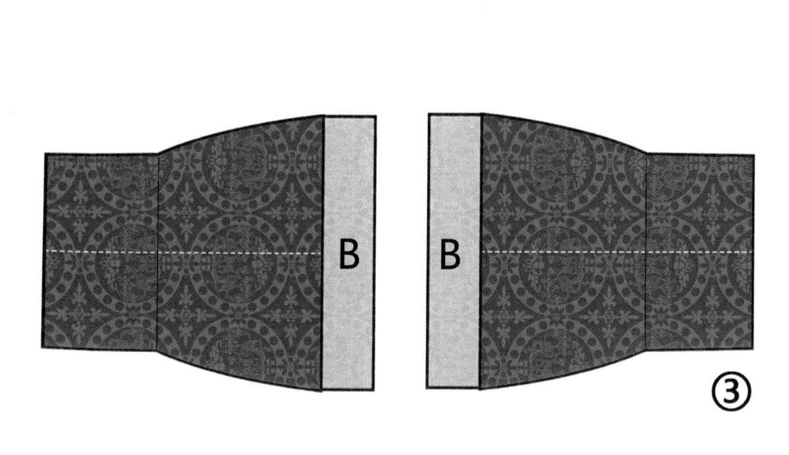

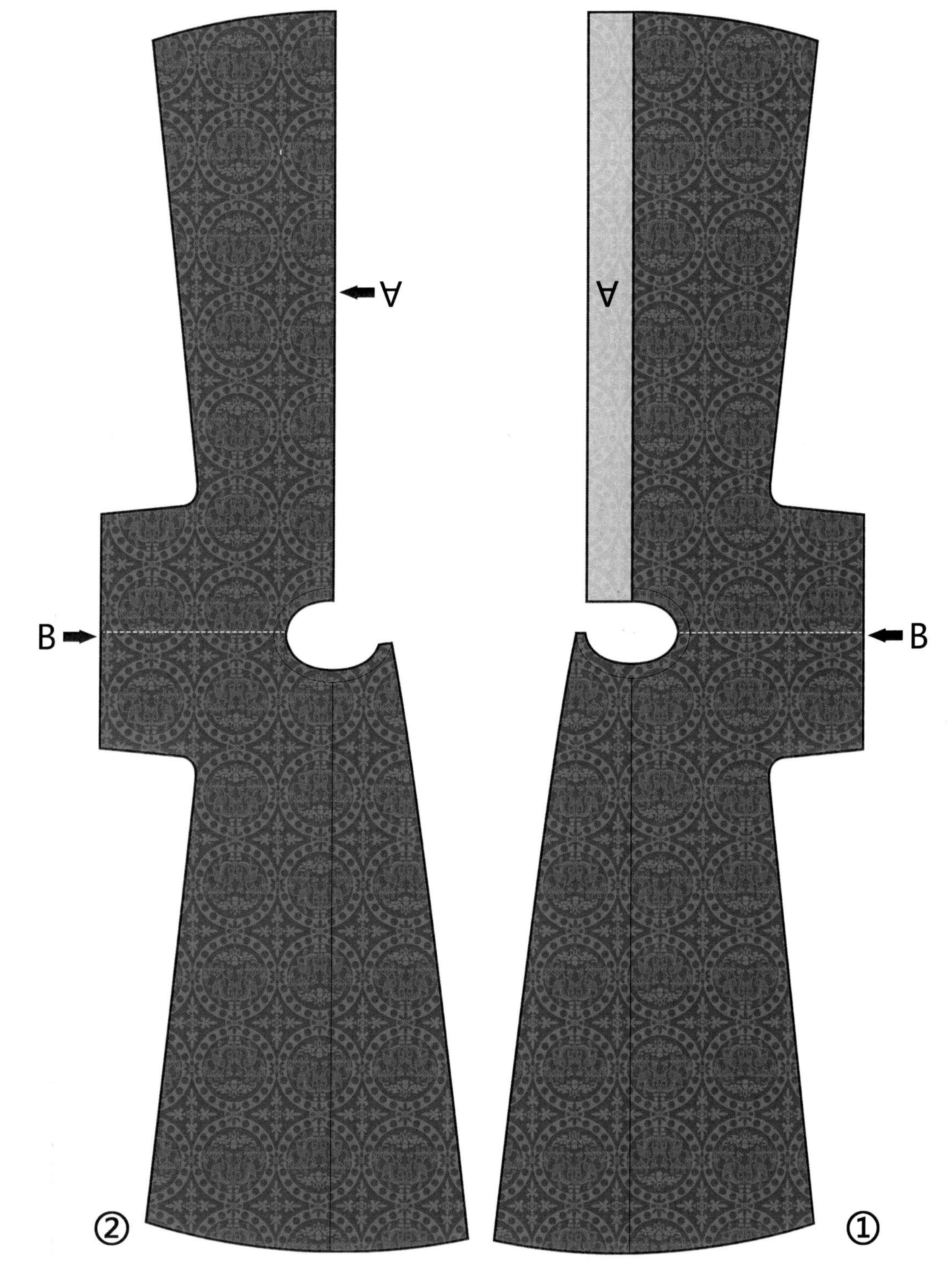

燕尾襦

汉代男女除穿着长衣外，在生活中以短衣为便服，劳动人民以及军旅人士通常穿着短衣，称之为襦。《急就篇》颜师古注说：“短衣曰襦，自膝以上”，在长度上，也有衣长至腰的，称为腰襦。汉代的襦又分为单襦和复襦，单襦就是单层的襦，复襦是双层的襦，复襦中可以填充棉絮，以此御寒。西汉早期襦的形制纷繁不一，其中的燕尾襦是西汉短襦中的代表，短襦下摆缀以三角形衣饰，穿着后绕体一周，叠压交错，宛如燕尾，称为燕尾襦。杨家湾兵马俑所着即为燕尾襦，且头戴武弁，下施赤帻、黑巾。身着短襦，腰束青铜带钩革带，下身着袴。

所属分类：便装

正式程度：★

适用场合：日常出行、社交等

△ 马王堆三号汉墓出土的武冠

绑腿：又称行缠，多为兵士所用。

△ 陕西杨家湾兵马俑

半袖襦

△ 楼兰壁画墓出土的半袖襦

汉代刘熙的《释名·释衣服》中说："半袖，其袂半，襦而施袖也"。东汉时期流行穿着上身穿半袖直领襦，内搭长袖直领襦及曲领襦，下身着裤、裙的女性装束。并在半袖缘边，或者下裙缘边增加荷叶边，以求增加美感。

所属分类：正装

正式程度：★★★

适用场合：社交、出席活动

便面
便面：出现于先秦两汉时期，半规形，似单扇门，又名"户扇"。
半袖襦
裙

八 魏晋至隋汉服具体穿搭款式

（正面）

魏晋早期的服饰，仍然保留部分东汉末期的服饰特点。男装袍服、女装襦裙内搭曲领衫。晋末社会动荡，使社会的各个方面都起了很大的变化。北魏在迁都洛阳后由孝文帝推行了全面的文化改革，大量地吸取了汉文甚至改变本族的语言，在服饰上也推行了汉制。祭服、朝服、常服都以汉服为主。同时南方服饰在原来汉服的基础上吸收了北方少数民族的服饰特点，使得服饰裁剪日趋合体，深衣在此时已经逐渐消失。

当时北朝常服主以裤衫为基本形制的服饰，称之为裤褶。南朝则受北朝影响，一改舆服制度，裤褶在南朝流行开来，进而出现裤褶服的服装款式，自南北朝后一直沿用至唐。

（侧面）

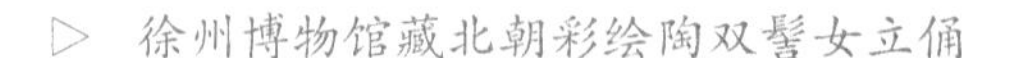

▷ 徐州博物馆藏北朝彩绘陶双髻女立俑

晋襦

上襦下裳的服制据传于黄帝时期便已出现，而上襦下裙的女服样式，早在战国时代已经出现。到了魏晋时期，上襦加了横襕结构，称之为腰襕，接襕部位侧边有工字褶；上襦的肩部、袖口等地方有嵌条；下裙为直角梯形裁剪拼接结构。另外，襦也通常和袴搭配，称为襦袴，多见于需要劳作时。

所属分类：便装

正式程度：★★★

适用场合：社交、出席活动

◁ 甘肃花海毕家滩26号墓出土襦、裙（复原）

裤褶服

在作为服装款式时，“褶”读作“袭”，《释名》曰：“褶，袭也，覆上之言也。”因此可知，褶与袭互训。《急就篇》颜师古注褶字说：“褶，谓重衣之最在上者也。其形若袍，短身而广袖。一曰左衽之袍也”。裤褶是一种上衣下裤的服式，由褶衣和下裤两部分组成一套服装。褶，即穿在外层，通裁无侧开衩的短上衣，过膝的叫长褶衣。本为胡人之服，左衽，南北朝时期褶衣衣衽被改为右衽，下身着裤，有时在裤管的膝盖处紧紧系扎，这种形制在北朝后期至隋唐时期主要为折裥缚裤，且一度成为官员礼服。

所属分类：正装

正式程度：★★★

适用场合：社交、出席活动

平巾帻
平巾帻：又称平上帻，小冠。是一种硬质、平顶、后山翘起的帽子。
褶衣
环首刀
袴

◁ 费城艺术博物馆藏南北朝立俑

裲裆

裲裆最初是以内衣的形式出现，多见于女子穿着，后来裲裆的形制运用于军服，制成裲裆铠，改为铁制或皮革甲叶，套于衬袍之外。后发展成为正装、朝服，文武官员都穿着裲裆，内搭长褶衣，下身着袴，头戴平巾帻。裲裆的流行，从魏晋直至隋唐，是一种礼制被打破的表现。

所属分类：正装

正式程度：★★★★

适用场合：社交、出席大型活动

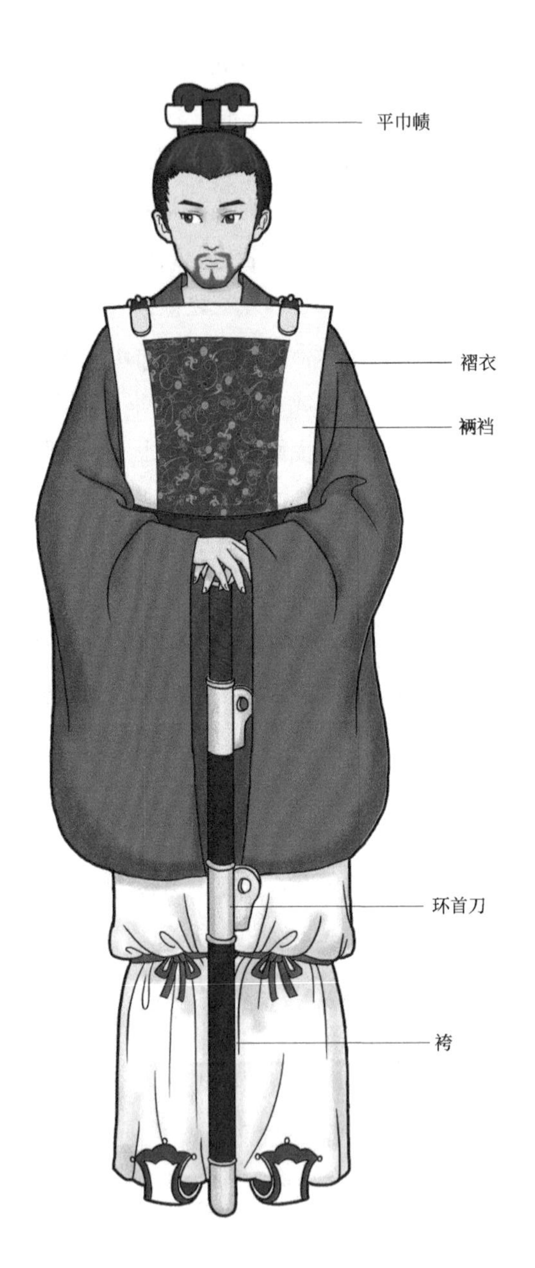

△ 毕家滩26号墓出土的裲裆残片

短褶衣

△ 中国丝绸博物馆藏褶衣

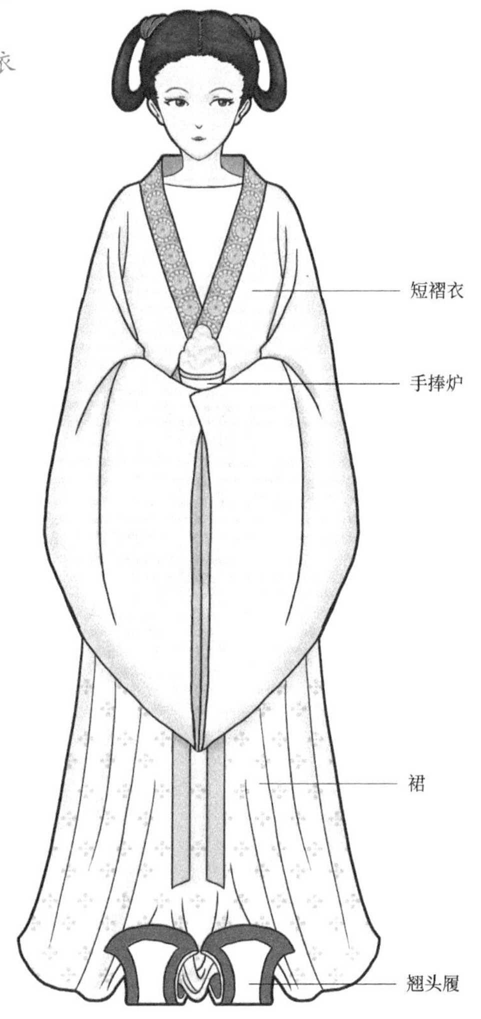

短褶衣和袴褶服一样，是魏晋时期流行的款式，衣长齐臀。基本呈对襟，可作为浅交领穿着。通裁，侧边不开衩。短褶衣的袖子有阔袖、窄袖、直袖等，阔袖下方收褶，窄袖、直袖则无需收褶。下身着袴、也可以与裙装搭配。

所属分类：便装

正式程度：★★

适用场合：社交、出行、参加活动

大袖襦裙

在晋末，礼制遭到破坏，穿衣风格也逐渐不受礼制约束，不论男女，出现了几乎曳地的大袖襦，大袖襦衣衣长短小，衣领浅交，袖子袖根处窄小，而袖口宽大，内搭裲裆或圆领衫，下身着长裙，长裙外可搭配短裙，到了初唐时期，大袖上还出现了羽袖的装饰。

所属分类：正装

正式程度：★★★

适用场合：社交、出席大型活动

白帢
白帢：曹操模仿皮弁制成了“帢”，帢的外形如双手合起，是魏晋时期较为流行的一种士人冠帽。
麈尾扇
麈尾扇：麈尾扇传由梁简文帝萧纲创始，魏晋以来尚清谈，手执麈尾有“领袖群伦”之意。
大袖襦
翘头履

△ 正仓院藏大袖残片

九 唐制汉服具体穿搭款式

唐代服饰在早期仍然有南北朝遗制，男装的袴褶服、裲裆、漆纱笼冠、平巾帻（唐代时称为平上帻）等，女装的大袖襦裙等。在经历南北朝的混战之后，服装制度在唐代得到恢复，唐代为了进一步巩固常服的礼仪规范，制定了详细的律令格式。

△ 唐代男子服饰演变示意

△ 唐代女子服饰演变示意

绛纱袍

唐代朝服为绛纱单衣，内衬白纱中单，黑色领缘、袖端、衣襟、裙裾，下身一律穿白色的裳。搭配革带，饰金钩，假带，绛纱蔽膝，足穿白色袜子，黑色皮舄，身佩剑、纷、鞶囊、双佩、双绶。六品以下去剑、佩、绶，七品以上簪白笔，八品、九品去白笔、白纱中单，以履代舄。此外，唐代还有公服，亦名从省服。其作用与朝服相同，区别在于，“礼重者用朝服，礼轻者用公服”，公服无蔽膝、剑、绶等配饰。

△ 乾陵章怀太子墓《客使图》

所属分类：礼服

正式程度：★★★★★

适用场合：正式社交、出席大型活动

花钗礼衣

唐代女子的礼服之一，是礼服中的最末等。头戴花钗，身穿绛纱单衣，内搭白纱中单，绛缘下裳，白纱衬裙，绛色蔽膝，大带随衣色。

所属分类：礼服

正式程度：★★★★★

适用场合：正式社交、出席大型活动

△ 唐李寿墓石椁线刻

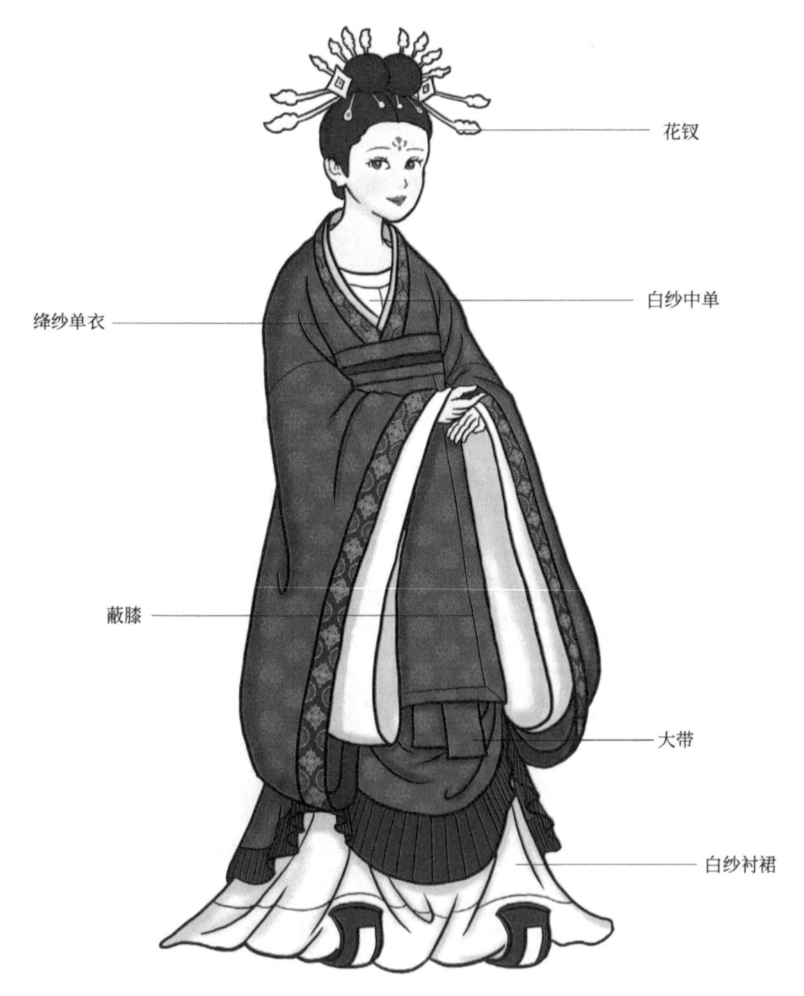

盘领襕袍

唐代的官常服为盘领襕袍，加襕是一种汲取了深衣上衣下裳连属的形制，两侧不开衩。头戴幞头，腰佩蹀躞带，脚穿六合靴，圆领袍内一般搭配半臂，半臂下着圆领衫，下身着袴。

所属分类：正装

正式程度：★★★

适用场合：出行、社交、出席活动

幞头
幞头：幞头是唐代男子常服中不可缺少的组成部分，从皇帝到平民，日常生活中都要裹幞头。先用巾子扣住，再用巾帕系裹，最初使用的是平头小样巾，以后逐渐变高、变圆、变尖。
笏板
唐制革带
唐制革带：由带扣、带銙、铊尾、带鞓等组成。带鞓指革带本体，多为黑色皮革制成，晚唐时出现红色带鞓，并沿用至宋。带鞓的中间有块状的装饰物，由玉石、金属等制成，称为带銙。
鱼袋
鱼袋：唐、宋时官员佩戴的证明身份之物，唐高宗永徽二年开始，赐五品以上官员鱼袋，饰以金银，内装鱼符，出入宫廷时须经检查，以防止作伪。武则天时，曾改佩鱼为佩龟。三品以上穿紫衣者用金饰鱼袋，五品以上穿绯衣者用银鱼袋，至宋代，不再用鱼符，而直接于袋上用金银饰为鱼形。

△ 段简璧墓壁画

盘领缺胯袍

盘领缺胯袍也可称为䙆袍，是唐代无论官民、男女都爱穿的一种服装形制，与盘领襕袍相比，盘领缺胯袍两侧开衩，下摆不加襕。

所属分类：便装

正式程度：★

适用场合：出行、社交、参加活动

△ 中国丝绸博物馆藏唐代花绫袍

△ 日本奈良正仓院藏大歌绿绫袍

乌皮六合靴：又称乌皮六缝靴，是由七块皮革缝制成靴，靴子有六条缝，得此名。开始于南北朝，流行于隋唐，宋代沿用。

半臂

半臂为男装服饰，多作为男子袍服内衬，也可外穿，有圆领和交领两种形态，无袖或者短袖，衣身有腰襕。

所属分类：便装

正式程度：★

适用场合：出行、社交、打底穿

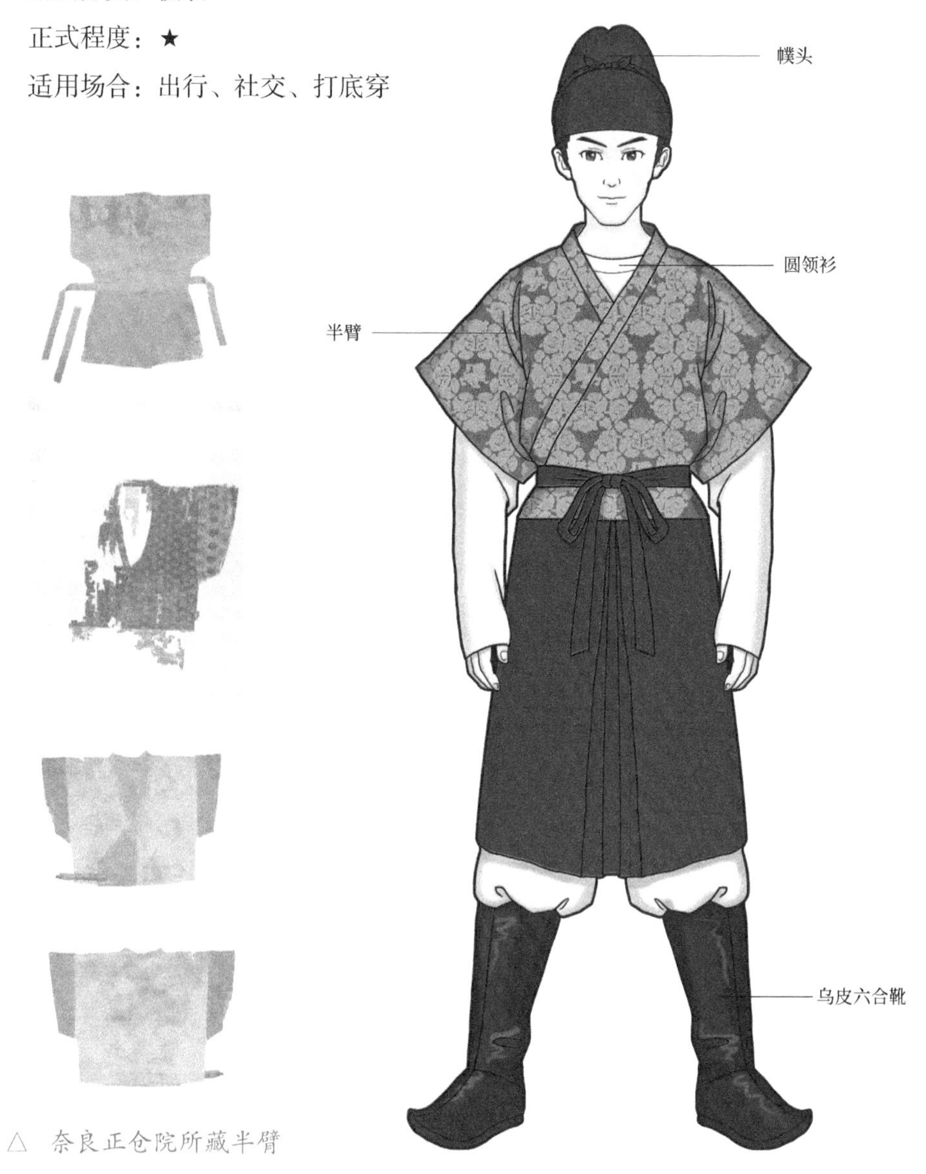

△ 奈良正仓院所藏半臂

衫裙

唐代时，襦的称呼发生变化，称为衫，是一种唐代女子较为流行的款式。上身着短衫，袖子有无袖、半袖、直袖等，无袖、半袖之下，同样也穿衫，领子有直领、浅交领、圆领大襟等，下身着裙，可以齐胸穿着，也可齐腰穿着。

所属分类：便装

正式程度：★

适用场合：出行、社交。

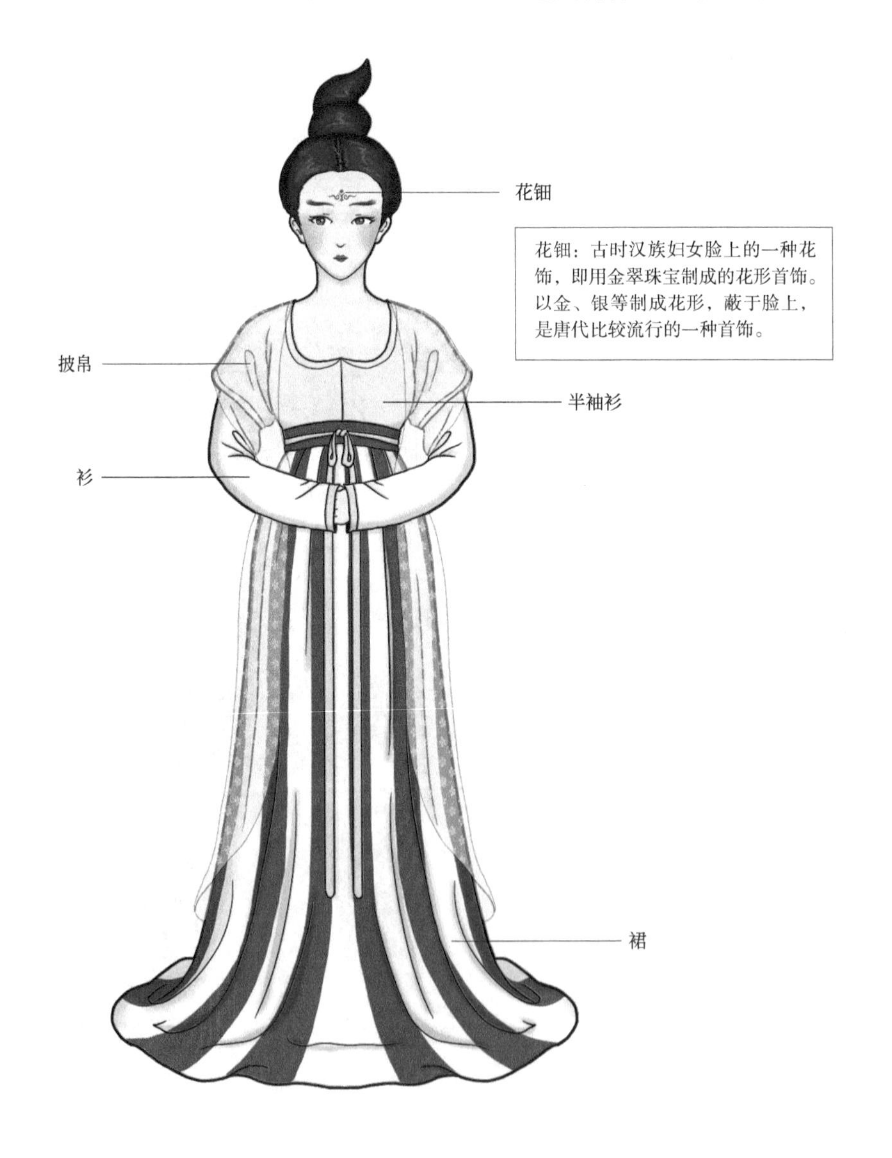

花钿
花钿：古时汉族妇女脸上的一种花饰，即用金翠珠宝制成的花形首饰。以金、银等制成花形，蔽于脸上，是唐代比较流行的一种首饰。
披帛
半袖衫
衫
裙

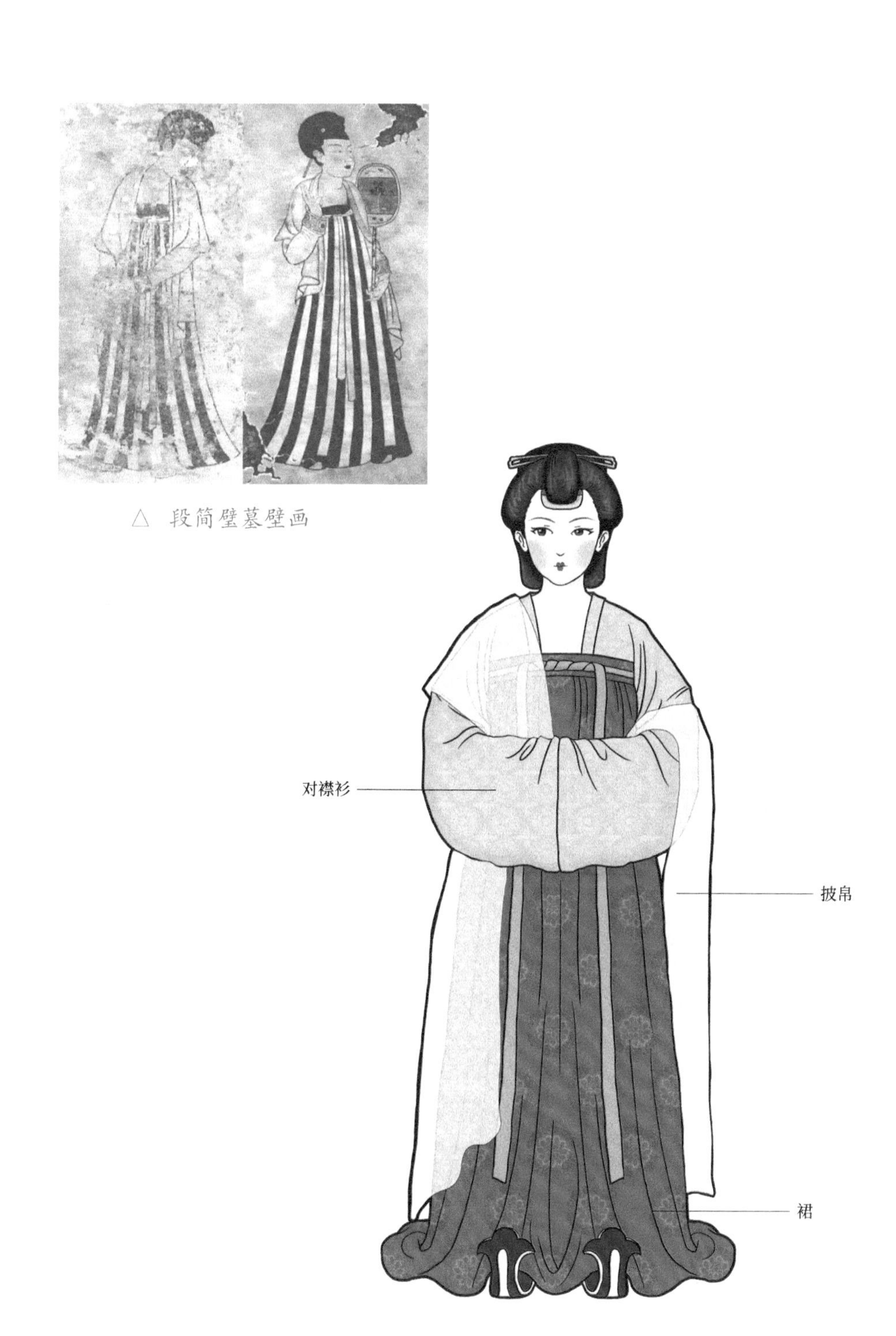

△ 段简壁墓壁画

披衫/披袄

即大袖衫，在唐代称为披衫、披袄，是晚唐五代时期较为流行的服饰，上衣直领对襟，通裁开衩。

所属分类：正装

正式程度：★★★

适用场合：出行、社交、参加活动。

△ 张大千临摹敦煌供养人壁画

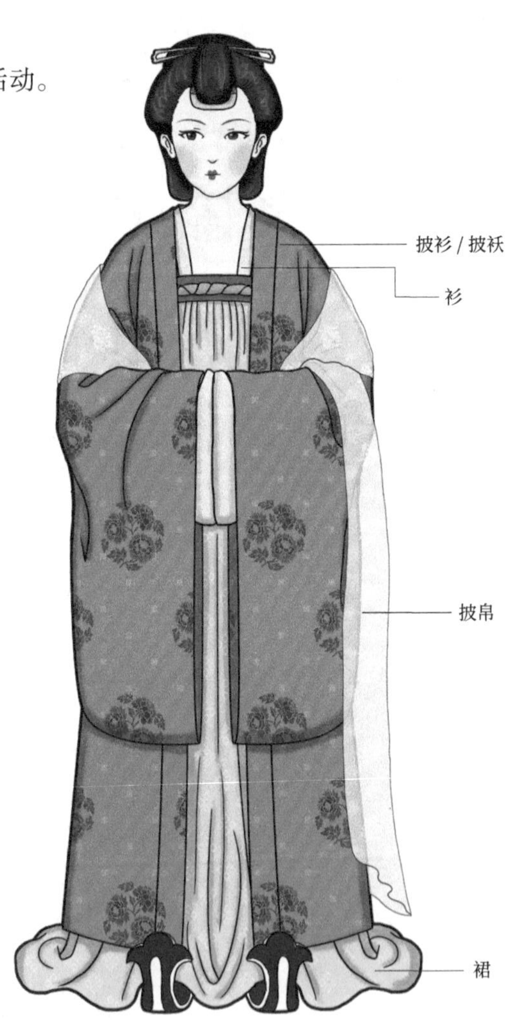

十 宋制汉服具体穿搭款式

宋代舆服制度大部分沿袭初唐。宋太祖时规定宫内妇女的服色要随丈夫变化，还规定百姓不得采用绫缣五色华衣。到仁宗、英宗、神宗直至政和七年时期，官府提倡改良服饰，更趋奢华。对于这些规定，民间置若罔闻，绫缣锦绣任意取用。一些京城的贵族妇女，还别出心裁地设计出许多种装扮方法，追求出新与别致，不但衣料选择考究，而且梳妆也很特别，有的梳大方额，有的扎发垂肩，有的云光巧额鬟撑金凤。贫者还有用剪纸装饰头发、身上抹香、足履绣花等装扮。宋时服制日趋完善，大致分为朝服、公服、便装等。

△ 北宋—南宋女装演变示意

公服

宋代品官的服饰，单层，颜色用来区别品级，衣长至脚背，圆领大襟，方阔袖敞口，两侧不开衩，在膝处接襕并打褶。搭配单铊尾革带。头戴展角幞头，脚穿皂靴。里面用背子作衬袍，下身着袴。

所属分类：礼服

正式程度：★★★★

适用场合：正式社交、大型活动、婚礼、冠礼等礼仪场合

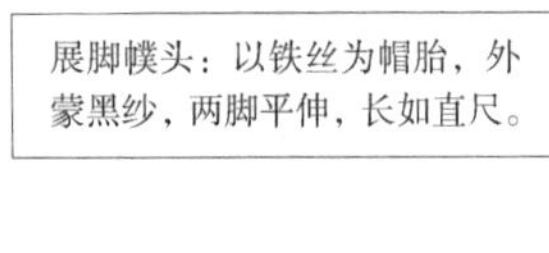

展脚幞头：以铁丝为帽胎，外蒙黑纱，两脚平伸，长如直尺。

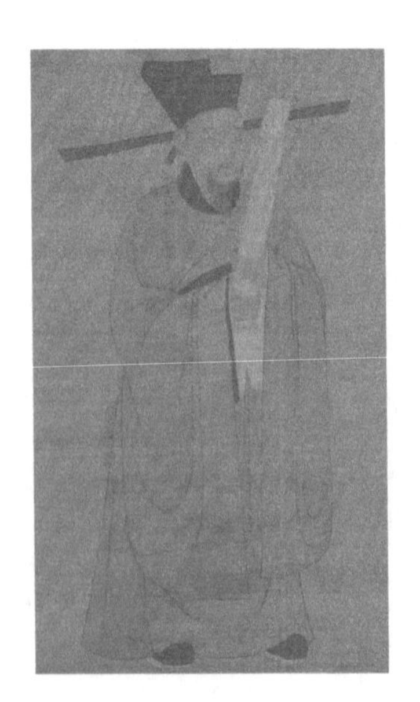

△ 包孝肃公公服像

（明代宋濂包公像，美国史密森学会 Freer Gallery of Art 收藏）

大衫霞帔

宋代女子的礼服，直领对襟，大袖阔口，后身长于前身拖地，有三角兜用来收纳霞帔末端，外面配以霞帔。里面搭配衫裙。头戴女冠。

所属分类：礼服

正式程度：★★★★★

适用场合：正式社交、大型活动、婚礼、笄礼等礼仪场合

△ 南宋黄昇墓出土大衫

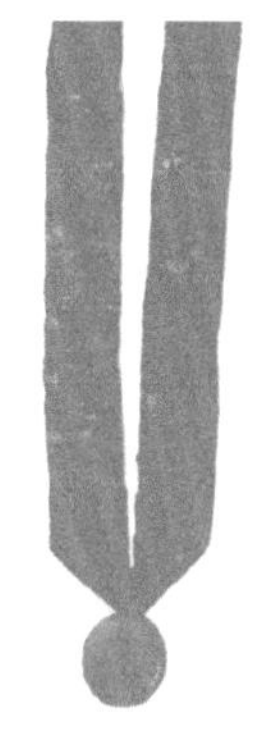

△ 南宋黄昇墓出土霞帔

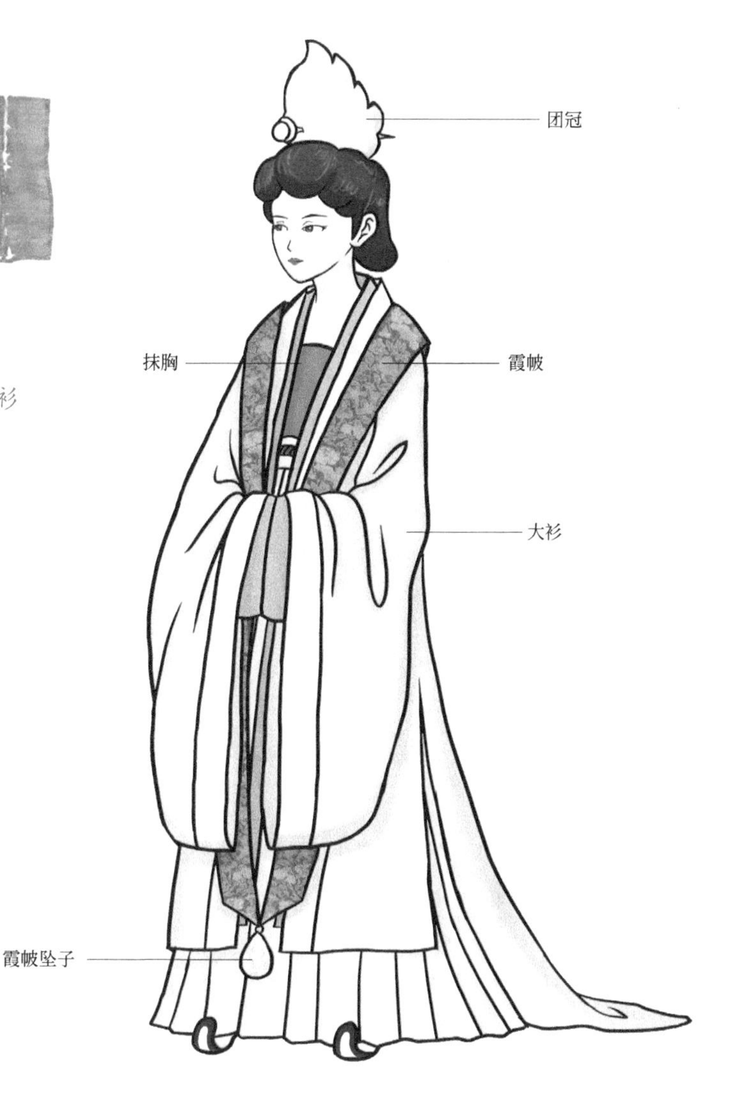

大衫横帔

宋代帔有霞帔和横帔之分，霞帔是命妇之服，而横帔用于民间妇女，作为礼仪性服饰出现。

所属分类：礼服

正式程度：★★★★★

适用场合：正式社交、大型活动、婚礼、笄礼等礼仪场合

△ 慈云寺壁画

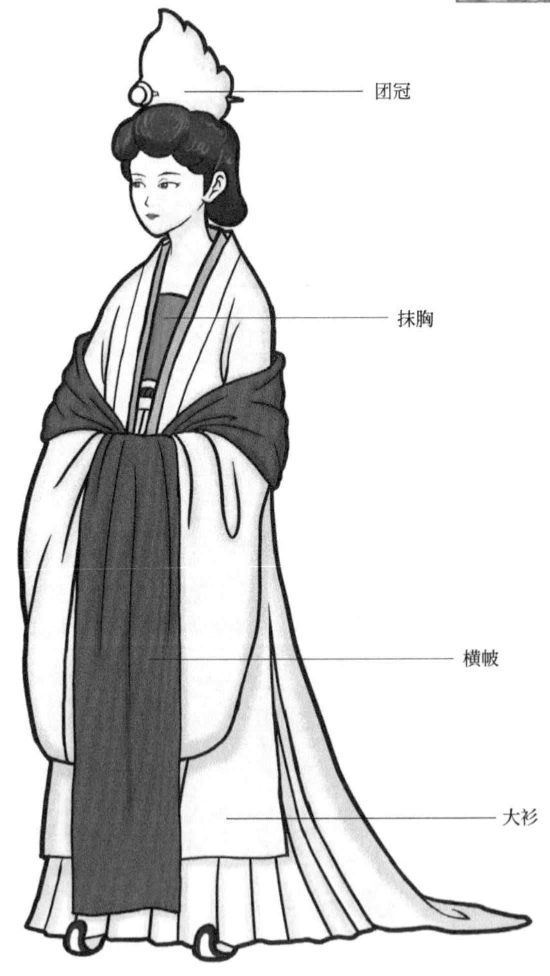

襕袍

宋代品官的常便服。衣长至脚背，圆领大襟，多为直袖，左侧开衩接内摆缀在后身。腰配革带，头戴幞头，脚穿鞋靴。内穿背子，下身着袴。

△ 赵伯澐墓襕袍

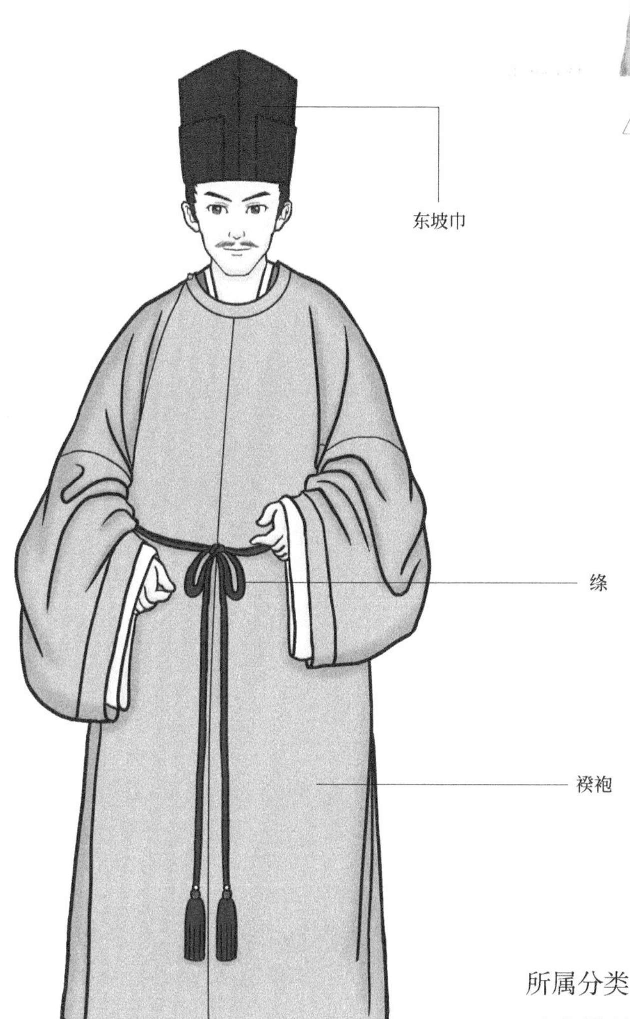

所属分类：便装

正式程度：★★

适用场合：社交、参加活动等

襕衫

宋代承接唐制襕衫，白色，领襈裾褾用皂色，衣长至脚背，圆领大襟，直袖，两侧不开衩在膝处接襕并打褶。类似公服，腰配丝绦，头戴宋式巾帽，脚穿鞋袜。内穿背子，下身着袴。

所属分类：便装

正式程度：★★

适用场合：社交、参加活动等

周子巾

绦

△《十六罗汉图》

△《五百罗汉图》（应身观音局部）

女褙子

可作女子的常礼服，衣长过膝，直领对襟，领襟裾襟用异色缘，袖子用大袖、直袖、窄袖皆可。头戴发冠。内着抹胸，下身着裙。

所属分类：便装

正式程度：★★

适用场合：出行、社交、参加活动等

山口冠
山口冠：北宋时期出现了一种前后高耸，中间凹下去，形状像山的女冠，称为山口冠。
女褙子
抹胸

△ 南宋黄昇墓出土褙子

△ 南宋《瑶台步月图》局部

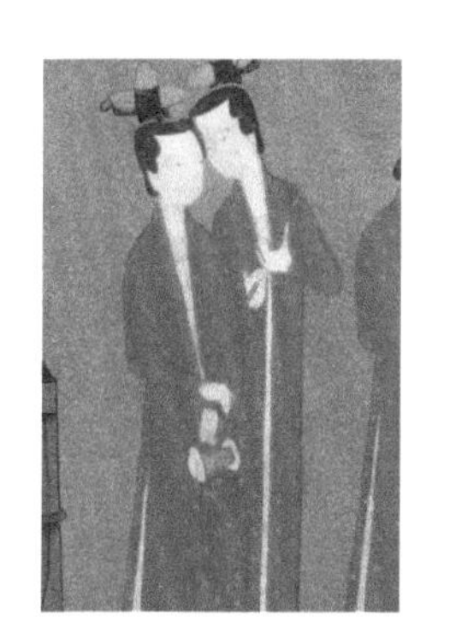

△ 南宋《歌乐图》局部

大氅

男子的罩衣，一般在交领衫外穿着，衣长过膝可至脚背，领禩裾褾用皂色，直领对襟。大袖或直袖，两侧可以开衩。头戴宋式巾帽，脚穿鞋袜，下身着袴。

△ 宋《东篱高士图》

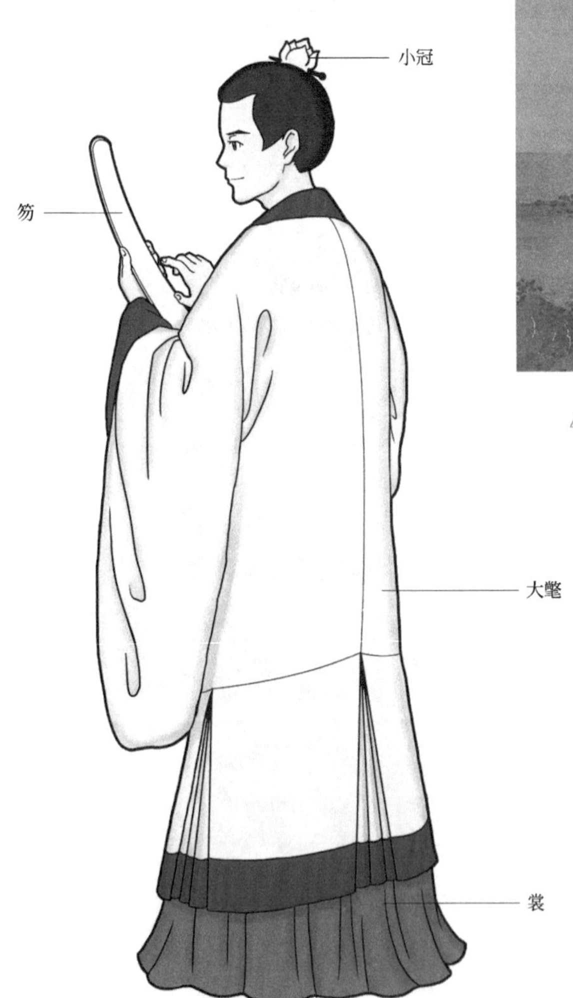

所属分类：正装

正式程度：★★★

适用场合：社交、参加活动等

貉袖

女子的罩衣，一般在对襟衫外穿着，衣长掩臀，领襈裾褾用异色，直领对襟，半袖，两侧不开衩。头戴发冠。内着抹胸，下身着裙或裤子。

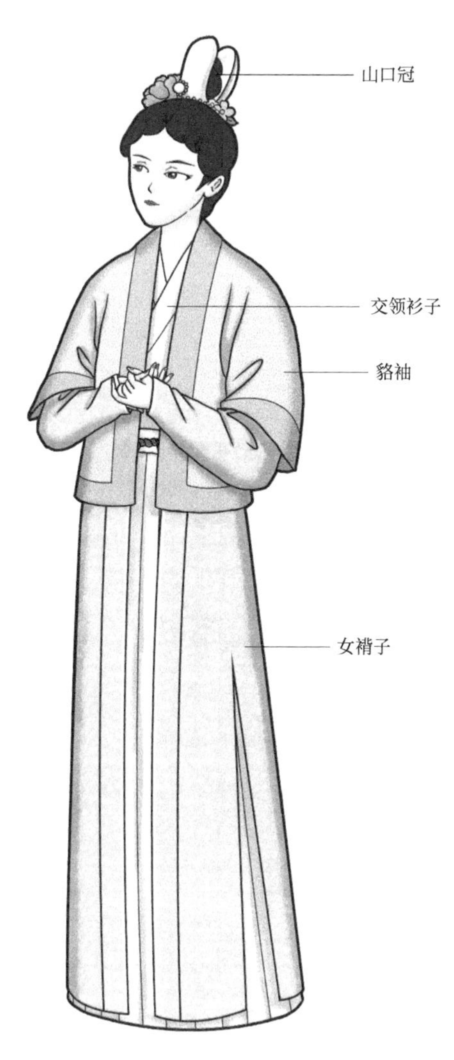

所属分类：便装

正式程度：★

适用场合：出行、社交、参加活动等

△ 宋代泥塑画像砖

交领长衫

男子服饰的基本款式，衣长过膝可至脚背，交领，直袖或窄袖，两侧开衩。可以搭配大氅，腰间可配丝绦，头戴宋式巾帽，脚穿鞋袜，下身着裤。

所属分类：便装

正式程度：★

适用场合：出行、社交、参加活动等

△ 赵伯澐墓出土交领莲花纹亮地纱袍

△ 赵伯澐墓出土交领莲花纹亮地纱袍

窄袖盘领袍

男女皆可穿着的基本款式，衣长过膝可至脚背，圆领大襟，窄袖，两侧开衩，通常作为便服、衬衣。头戴宋式巾帽，脚穿鞋袜，下身着袴或者裙，腰间还可以搭配抱腹。

所属分类：便装

正式程度：★

适用场合：出行、社交、参加活动等

△ 宋《中兴四将图》局部

女短衫

女子服饰的基本款式，衣长掩臀，多为直领对襟，窄袖，两侧开衩，通常作为日常居家、衬衣穿着。头戴首饰。内着抹胸，下身着裙或裤子。

所属分类：便装

正式程度：★

适用场合：出行、社交、参加活动等

△ 南宋黄昇墓出土短衫

朱子深衣

朱子考订的先王法服，是汉服中最具代表性的服饰。衣身用苎麻细布，单层，无纹，白色，领褾裾襟用黑色丝帛缘（也可用青色，绘缘），衣长至脚背，直领对襟，作为交领穿着，圆袂渐收祛，上下分裁，下裳部分用斜交解共十二小幅布拼接，两侧不开衩。

所属分类：正装

正式程度：★★★

适用场合：正式社交、参加活动、冠礼、家祭等礼仪场合

△ 宋《会昌九老图》局部

十一 明制汉服具体穿搭款式

明朝开国时，太祖朱元璋根据汉族的传统，“上承周汉，下取唐宋”，重新制定了服饰制度，是中国古代服饰继唐代之后汉服的又一发展高峰，典型款式有圆领袍衫、立领衫袄、马面裙等，另外还出现了分别官员等级的补服制度，以及飞鱼、斗牛、麒麟、蟒、白泽等赐服纹样。纹样是明代服饰的一大特色。

△ 明代男子补服演变示意

△ 明代女子服饰演变示意

朝服

朝服，又称为“具服”，是古代中国在大祀、庆成、正旦、冬至、圣节及颁诏开读、进表、传制等重大典礼时使用的礼服，其基本样式是衣裳制。明代朝服包括梁冠、赤罗衣、赤罗裳、白纱中单、赤罗蔽膝等。

梁冠：由冠额、冠耳、冠顶组成，通体呈金色，衬以金属丝网，装饰凤纹、宝相花纹等纹饰。冠额正中有纹饰，七梁冠上饰有金云。冠耳上部两端高并有花形簪扣。冠额从冠耳两侧条形扣穿过，在冠耳后部用丝绳连接固定。冠顶为拱形，黑色漆纱质地，上有皮质金梁，梁数用来区别品级。簪推测为角簪涂金。冠下有青组缨，自耳后垂于颔下打结虚悬。

赤罗衣：随用纱罗，单层，无纹，赤色，领襈裾褾用皂色缘，衣长掩臀（也可盖住膝盖），交领，领宽及缘边较宽，方袖敞口，两侧开衩有内褶。革带虚束时有带襻及笏袋。

赤罗裳：随用纱罗，单层，无纹，赤色，綼裼用皂色缘（颜色和宽度与衣缘相同），前三幅后四幅共腰，每幅打三褶（也可如马面褶裙，各用四幅），长至脚背。

白纱中单：衣裳内穿着，形制如深衣，随用纱罗，单层，无纹，白色，缘色和宽度与衣裳缘相同，衣长至脚背，交领，方袖敞口。

赤罗蔽膝：随用纱罗，无纹，赤色，四边有赤色缘，上有金属钩用来挂在革带上（也可做成布带系在腰上）。

△ 孔府旧藏梁冠

△ 孔府旧藏中单

大绶：按品级花样织锦制作，上有三对小绶编结悬挂绶环一对，绶环材质用来区别品级。下部结青丝网并垂穗。佩在身后革带外面（也可做成布带系在腰上）。

组佩：一对，玉或药玉，每个用珩、瑀、一对琚、一对璜、冲牙，以五串玉珠相连制成，外可罩红纱佩袋，上有金属钩用来挂在革带上。

大带：随用纱罗，双层，无纹，白色，两耳及下垂部分用绿色窄缘。系在腰上（也可加一对纽扣固定）。

革带：双铊尾革带，带鞓用青色，上饰五道描金线，外嵌带版，有三台一组、圆桃三对、左辅右弼一组、铊尾一对、排方七个，带版材质用来区别品级。佩戴在腰上。

△ 孔府旧藏赤罗朝服

云头履：上有白色云头纹饰，内穿白袜。或可用黑履。

所属分类：礼服

正式程度：★★★★★

适用场合：重大活动、特殊礼仪场合

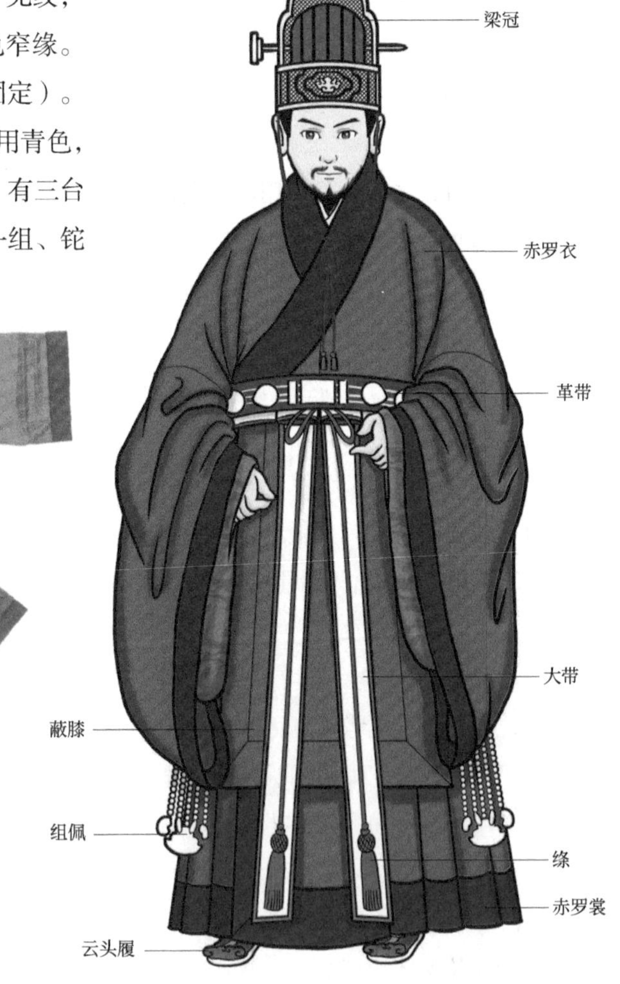

祭服

《大明会典》中说："凡上亲祀，郊庙社稷、文武陪官分献陪祀，则服祭服"。明代品官在公祭场合所着的服饰套装，是最隆重的礼服之一，适用于各类公祭场合。在整体形制上，明代祭服参考宋代，由梁冠、青罗衣、赤罗裳、蔽膝、大绶等组成（一说为皂罗衣）。

△ 明万历《于慎行宦迹图》局部

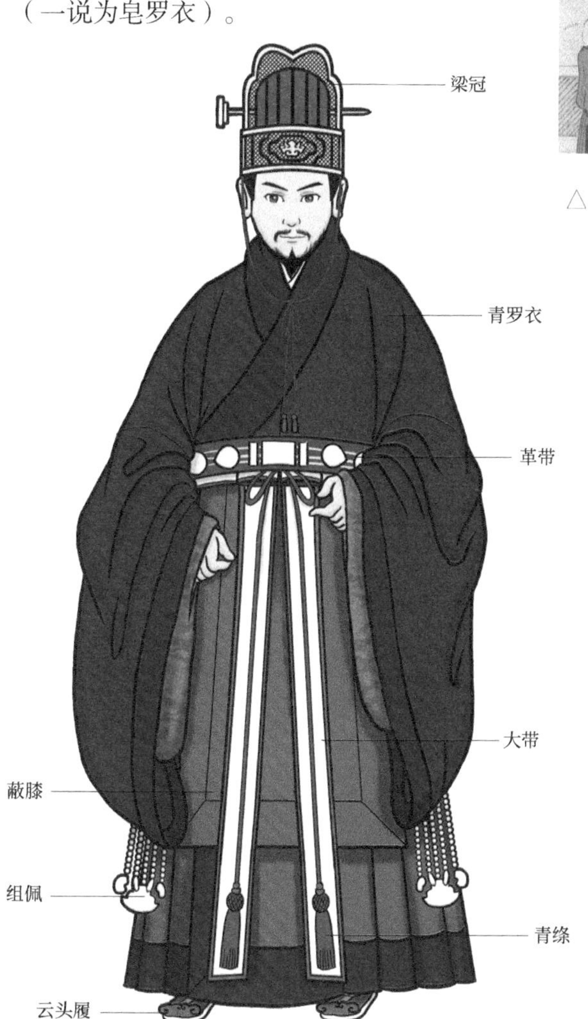

所属分类：礼服
正式程度：★★★★★
适用场合：公祭场合

公服

公服是有别于朝服的从省服，是明代品官在早晚朝奏事、公座等所着的服饰套装，是较隆重的礼服之一。衣长至脚背，圆领大襟，方袖敞口（也可收祛），两侧开衩有外摆。革带虚束时有带襻。内穿衬袍。以袍的颜色、袍上绣

△ 孔府旧藏公服

花之花径大小以及腰带的质地分辨品级。这种服制为盘领右衽袍，袖宽三尺，用纻丝或纱罗绢制作。袍服颜色，一至四品为绯色，五至七品为青色，八至九品为绿色。按品级绣织各种大小不同的花纹。八品以下官员的公服没有纹饰。穿公服时，头上须戴幞头。

所属分类：礼服

正式程度：★★★★

适用场合：重大活动、婚礼等礼仪场合

展脚幞头
展脚幞头：以铁丝为帽胎，外蒙黑纱，前后皆呈方形。展角以铁丝为骨蒙以黑纱，长一尺二寸，末端上翘。
单铊尾革带
单铊尾革带：带鞓用青色，上饰五道描金线，外嵌带版，带版材质用来区别品级。整体较长，铊尾绕过前身垂于身体左后侧。

△ 孔府旧藏展脚幞头

大衫霞帔

明代命妇在礼仪场合所着的服饰套装，是最隆重的礼服之一。皇后的大衫霞帔，大衫黄色，霞帔深青，织金云霞龙纹，或绣或铺翠圈金，饰以珠玉坠子，品官命妇大袖衫用正红色。

大衫：单层，真红色，无纹（也可四合如意云暗纹），前衣长至脚背，后衣较长拖地，直领对襟，方袖敞口，两侧开衩。内穿云肩通袖膝襕纹（也可胸背纹或补子）圆领长袍。领子用纽扣三对，在两肩处有纽扣用来固定霞帔，后身末角用纽子两个，行动时扣在掩纽下，拜时放下，后身又缀三角兜子用于收纳霞帔末端。

霞帔：深青色，并列两条，所绣纹样用来区分品级，每条上各绣七只飞禽，前面四只后面三只，一二品绣

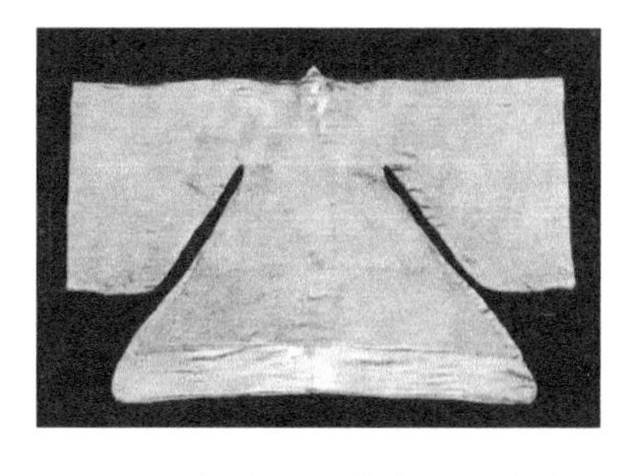

△ 明宁靖王妃墓出土的大衫

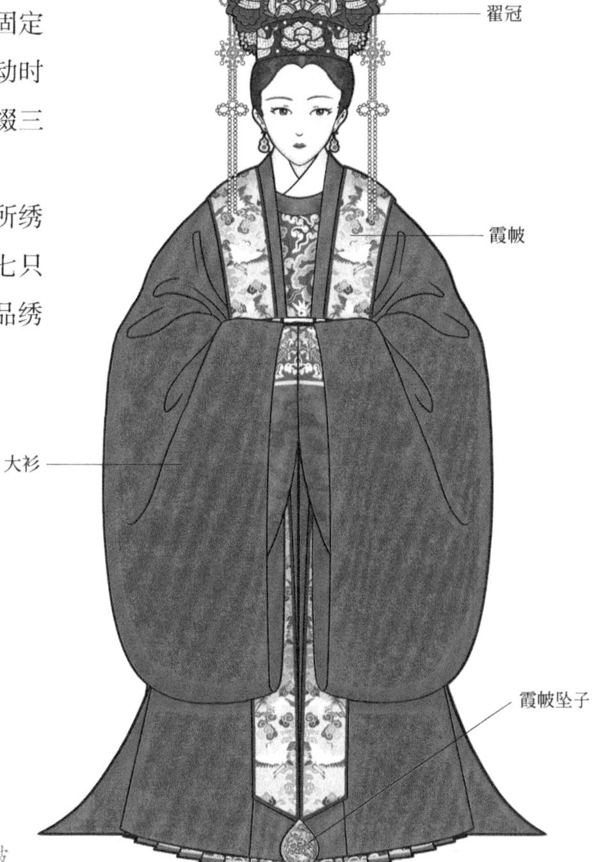

△ 明宁靖王妃墓出土的霞帔

云霞翟纹，三四品用云霞孔雀纹，五品用云霞鸳鸯纹，六七品用云霞练雀纹，八九品用缠枝花纹。在两肩处有纽扣，用来与大衫相连，身前一端有坠子，身后一端藏于大衫的三角兜。

革带：双铊尾革带，圆领袍外穿着，大致与品官形制相同，略窄。

所属分类：礼服

正式程度：★★★★★

适用场合：重大活动、婚礼等礼仪场合

鞠衣

明朝皇后鞠衣一般情况下并不单穿，而是在皇后穿燕居冠服时，将大衫霞帔套在鞠衣之外。在明代帝后画像中，也只有神宗孝靖皇后是单穿鞠衣，其余皇后穿着鞠衣时鞠衣都在大衫之内。皇后的鞠衣是由鞠衣、大带、革带、玉花彩结绶、白玉云样玎珰组成的。

鞠衣的颜色多为红色，领形为圆领，上下是分开裁剪的，腰以下是十二幅拼缝，一如深衣制。胸背绣着云龙纹，龙为升降龙，有喜相吉祥的意义，四周绕以云纹，用织金或是刺绣，或加铺翠圈金。有些还在圆领处饰以珠或宝石。

所属分类：礼服

正式程度：★★★★

适用场合：重大活动、婚礼等礼仪场合

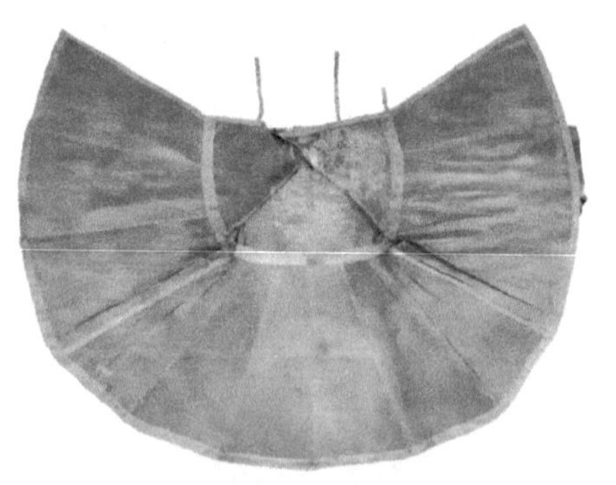

△ 明宁靖王妃墓出土的鞠衣

盘领袍

明代的基础款式，品官常服上缀补子或胸背纹，赐服则用云肩通袖膝襕纹，举人亦有服之，两侧开衩有外摆。盘领袍是正式服装和较为隆重的礼服之一，适用于各类隆重场合。

所属分类：礼服

正式程度：★★★★

适用场合：出席活动、婚礼等礼仪场合

△ 孔府旧藏乌纱帽

△ 孔府旧藏一品仙鹤补常服

乌纱帽：藤丝或麻布为里胎，漆黑绉纱为表，帽后插两翅，平直较宽，多为方形或椭圆形。配以圆领补服、云肩通袖服、素服。

洪武二十四年（1391年）规定，官吏所着常服为盘领大袍，胸前、背后各缀一块补子，一至九品所用禽兽图案不一，借以辨别官品。补子图案：公、侯、驸马、伯：麒麟、白泽；文官绣禽，以示文明：一品仙鹤，二品锦鸡，三品孔雀，四品云雁，五品白鹇，六品鹭鸶，七品**㶉鶒**，八品黄鹂，九品鹌鹑；武官绣兽，以示威猛：一品、二品狮子，三品、四品虎豹，五品熊罴，六品、七品彪，八品犀牛，九品海马；杂职：练鹊；风宪官：獬豸。除此之外，还有蟒、斗牛、飞鱼等赐服类。

女盘领袍

明代基础款式，命妇常服上缀补子，赐服则用云肩通袖膝襕纹。圆领大襟，大袖收袪（也可小袖收袪），两侧开衩（也可有外摆或打褶），可以装饰飘带，可以单独作为外袍，也可搭配大衫霞帔使用，是正式服装和较为隆重的礼服之一，适用于各类隆重场合。

△ 孔府旧藏麒麟女袍

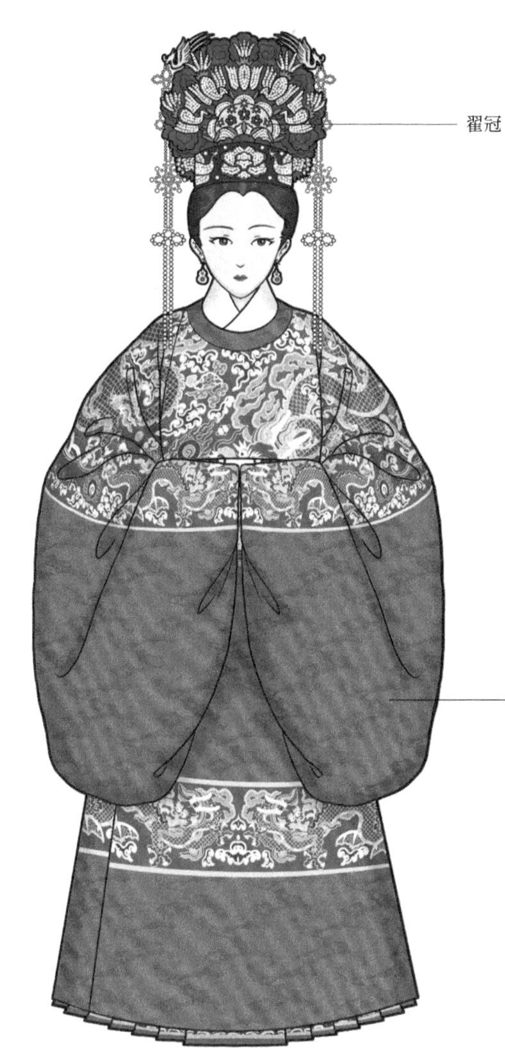

所属分类：礼服

正式程度：★★★★

适用场合：出席活动、婚礼等礼仪场合

云肩通袖膝襕纹圆领袍

明代将这种柿蒂形与横襕的装饰组合称为“云肩通袖膝襕”“云肩膝襕通袖”。

明制襕衫

明代监生的服饰，且多用于冠礼、各地乡学祭孔六佾舞礼生服饰。下摆无襕，两侧有外摆。蓝色，领襈裾褾用皂色或青色缘（也可用玉衣皂缘），裾缘较宽，衣长至脚背，圆领大襟，大袖或方袖，也可收祛，两侧开衩有外褶。绦虚束时有绦襻。

所属分类：正装

正式程度：★★★

适用场合：正式社交、出席活动

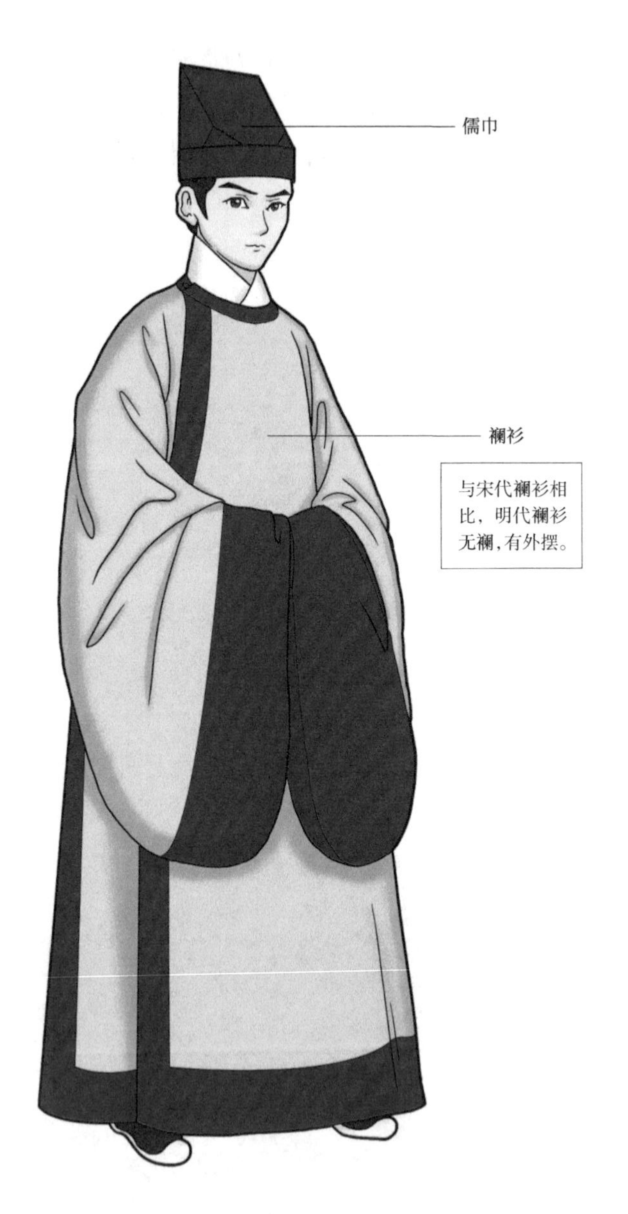

儒巾
襕衫
与宋代襕衫相比，明代襕衫无襕，有外摆。

△ 明《丰山恩荣次第图》（丛兰事迹图）局部

明制深衣

明代士庶礼仪性的服饰套装，通常用在冠礼、祭祀等场合，并不用于日常穿着，也是士人燕居时崇尚先贤法服并依据朱子深衣而来的一种服饰，衣分十二幅，交领，大带，袖子不收袪。两侧不开衩。

所属分类：正装

正式程度：★★★

适用场合：正式社交、出席活动、家祭、冠礼等礼仪场合

幅巾：用整幅的黑色丝帛对折分成左右两片并缝合，两边有宽系带，从额中间向后包并打结系紧，余幅自然垂后，长至背。
幅巾
大带

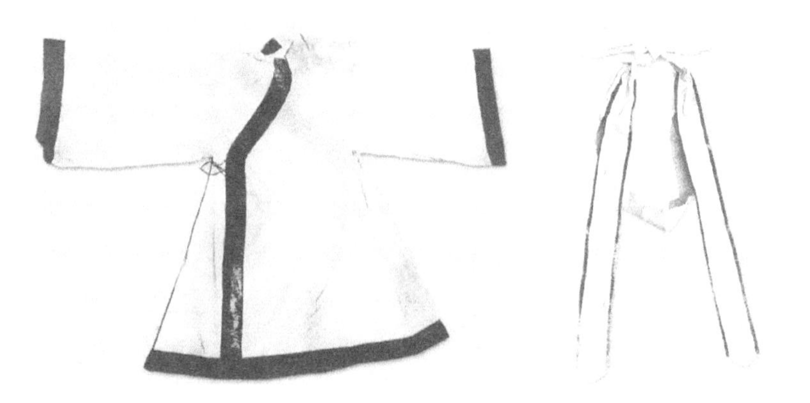

△ 张懋夫妇合葬墓出土的深衣及大带

缘襈袄

双层，领襈襟有异色缘（裾和两衩襈也可加缘），衣长较长，过膝，直领对襟，作为交领穿着，直袖敞口，两侧开衩。明代初期女子在日常生活中较正式的服饰，上至皇后、下至士庶妻都穿着缘襈袄，通常搭配缘襈裙（即在綼裼加缘如上衣）穿着，也可搭配马面裙。

所属分类：正装

正式程度：★★★

适用场合：正式社交、出席活动

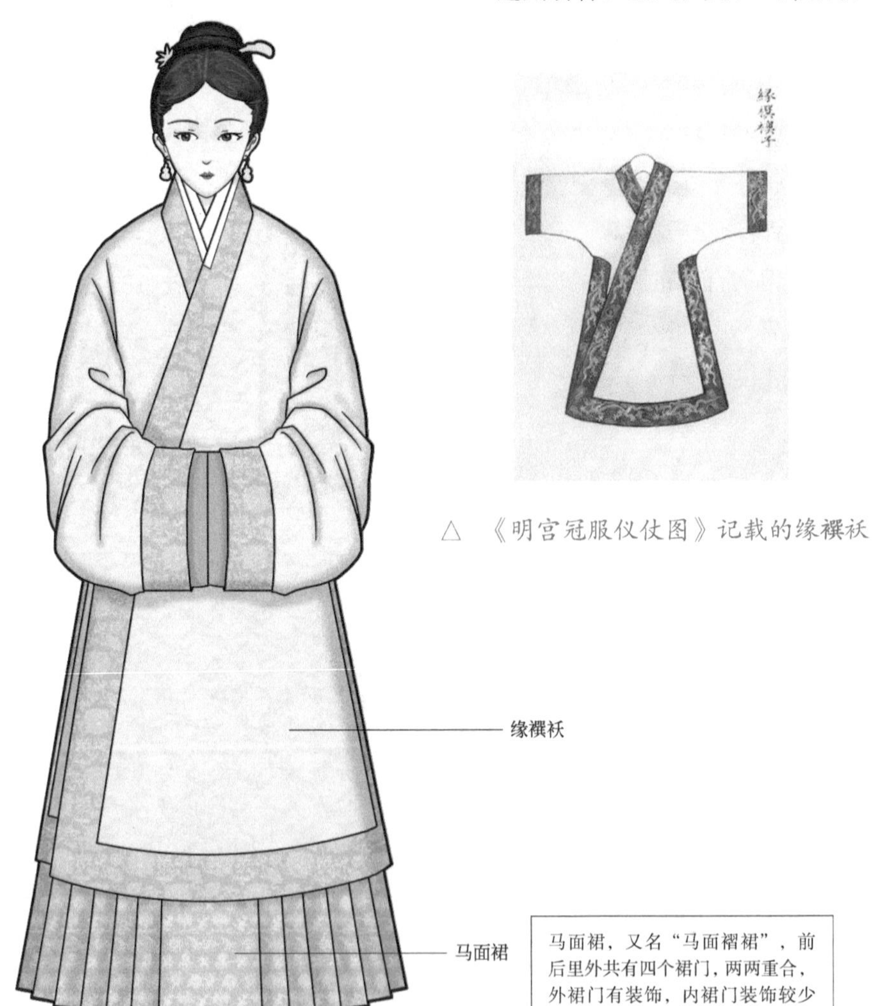

△ 《明宫冠服仪仗图》记载的缘襈袄

马面裙，又名“马面褶裙”，前后里外共有四个裙门，两两重合，外裙门有装饰，内裙门装饰较少或无装饰，马面裙侧面打裥。

道服

道服形制与道袍相同，两侧缀有内摆，衣身多为浅色，领襈裾襟多用青缘，衣长至脚背，交领，大袖敞口。绦和大带虚束时有襻。（青衣蓝缘为行衣。）

所属分类：正装

正式程度：★★★

适用场合：正式社交、出席活动

△ 严嵩道服像

直身

直身的形制与道袍基本相同，只不过道袍为内摆，直身为两侧开衩有外摆，衣长至脚背，交领，可加护领，大袖收祛或小袖收祛，绦虚束时有绦襻。是较为正式的男子外袍，也可用作圆领袍之内的衬服。

所属分类：正装

正式程度：★★★

适用场合：正式社交、出席活动

△ 孔府旧藏直身袍

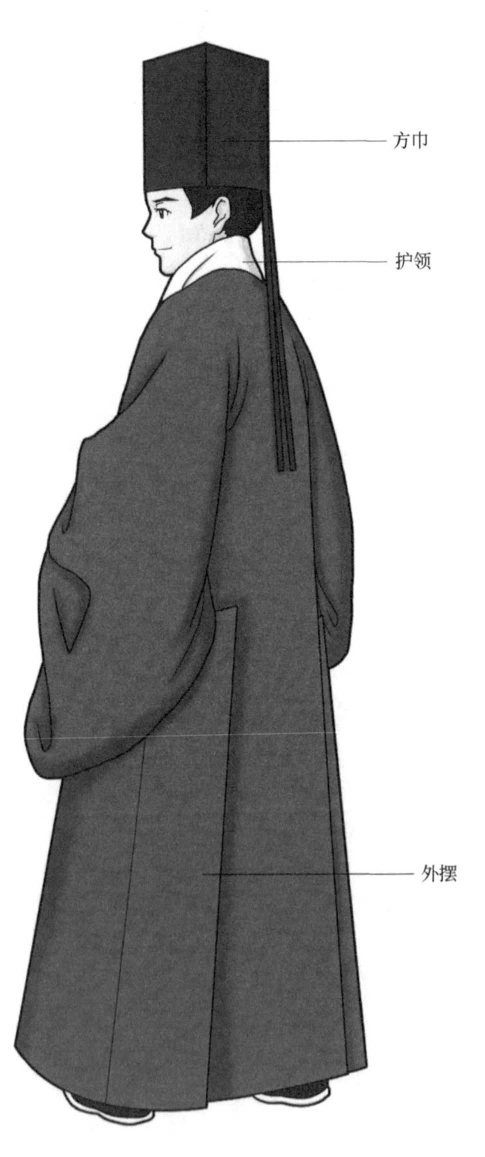

褡护

褡护，即明代的一种长半臂，衣长至脚背，交领，可加护领，半袖或无袖，两侧开衩有外摆。一般与直身、圆领袍等搭配作为衬袍穿着，也可外穿。

所属分类：便装

正式程度：★★

适用场合：日常社交、出席活动

△ 孔府旧藏褡护

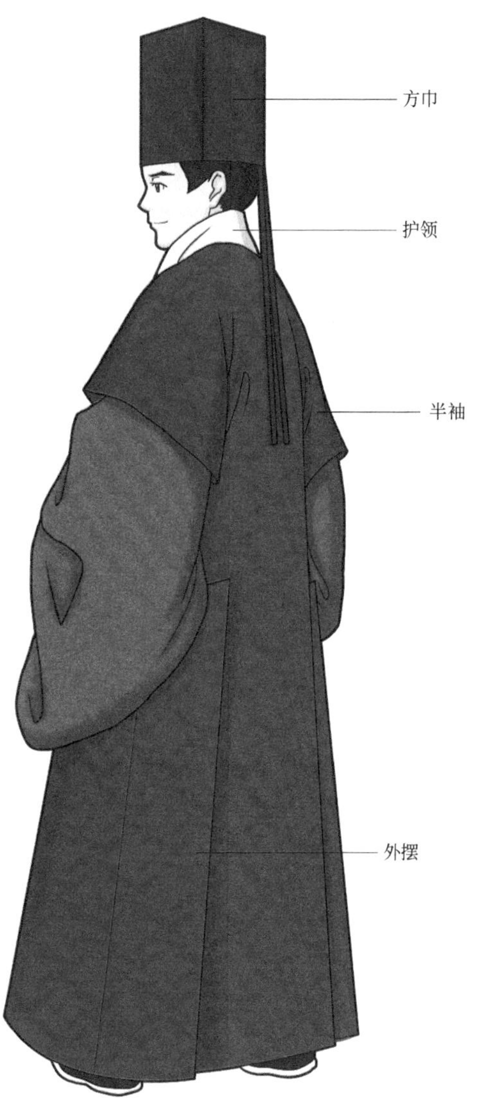

道袍

明代男子日常服饰，道袍直领大襟，两侧开衩，接有暗摆，领口常会缀上白色或素色护领。大袖或直袖收祛。穿着时可配丝绦、布制细腰带或大带。

所属分类：正装

正式程度：★★

适用场合：日常社交、出席活动

蝉腹巾
护领
道袍与直身的不同之处在于，道袍为内摆，直身为外摆。
内摆

△ 孔府旧藏道袍

氅衣

明代男女日常礼仪性的罩衣服饰，道袍外穿着，适用于各类正式场合，衣身多为浅色，领裾襟多为黑色缘，衣长至脚背，直领对襟，大袖敞口或直袖，两侧一般不开衩。（女式氅衣领及其他缘边比男式窄，也可不加裾缘。）

所属分类：正装

正式程度：★★

适用场合：日常社交、出席活动

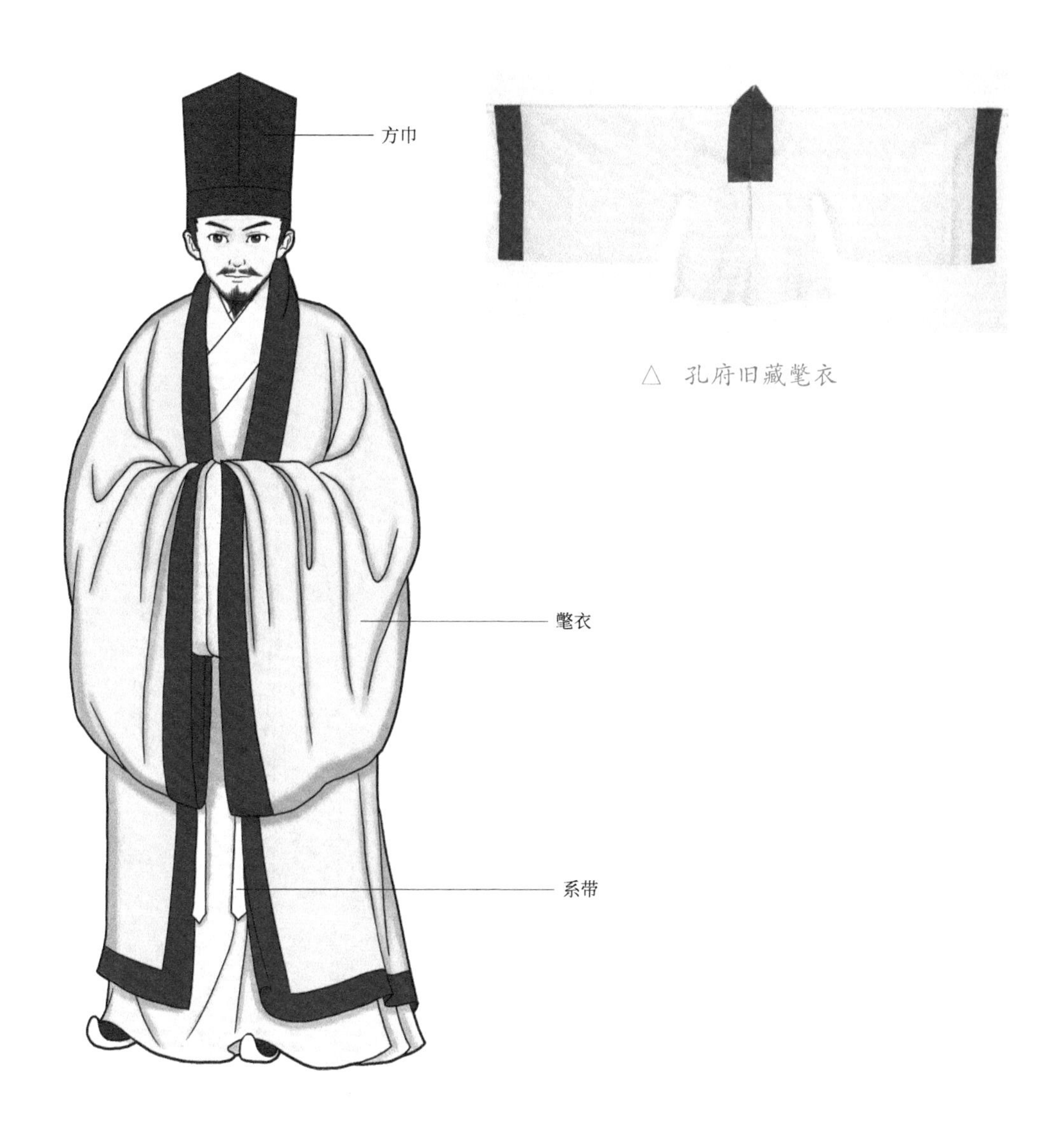

△ 孔府旧藏氅衣

披风

明代男女日常性的罩衣服饰，衣长至脚背，直领对襟，大袖敞口或直袖，两侧开衩。（女式披风领比男式窄。）

所属分类：正装

正式程度：★★

适用场合：日常社交、出席活动

△ 孔府旧藏披风

贴里

明代男子日常性服饰，衣长过膝可至脚背，交领，可加护领，多为小袖收祛，上下分裁，下裳部分相连两片满褶布，左侧开衩相叠。

所属分类：便装

正式程度：★★

适用场合：出行、日常社交、参加活动

大帽
大帽：通体黑色，帽檐平直且多宽大的帽子。
革带
贴里
皂靴

△ 定陵博物馆藏万历皇帝贴里

△ 故宫博物院藏贴里

曳撒

明代男子日常性服饰，衣长过膝可至脚背，交领，可加护领，多为小袖收袪，前身上下分裁，下裳部分用马面褶，后身通裁不断，两侧开衩有褶。

所属分类：便装

正式程度：★★

适用场合：出行、日常社交、参加活动

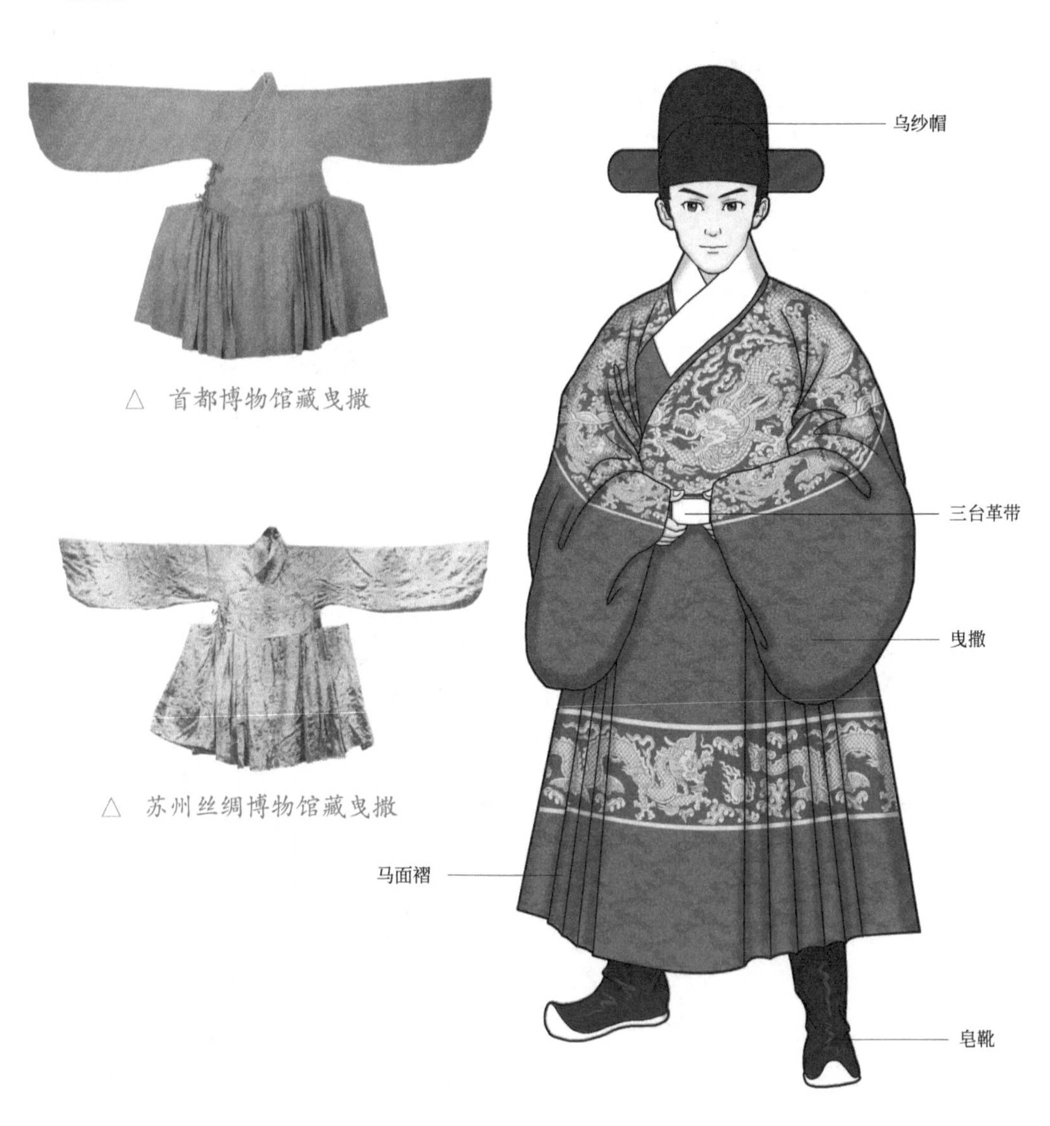

△ 首都博物馆藏曳撒

△ 苏州丝绸博物馆藏曳撒

长衫/长袄

明代男子日常性服饰，衣长过膝可至脚背，交领，可加护领，多为窄袖，两侧开衩可以打褶。

所属分类：便装

正式程度：★

适用场合：出行、日常社交、参加活动

小帽
小帽：又称六合一统帽、罗帽，帽身用六瓣布拼成，呈圆拱形。有缠棕、马尾、毡、罗、纻丝等材质。
长衫/长袄
袴
鞋

△ 明《丰山恩荣次第图》（丛兰事迹图）局部

罩甲

明代男子的罩衣服饰，穿着于长衫袄、贴里、曳撒外，适用于各类场合。衣长过膝不及脚背，有方领、圆领、直领等形制，对襟，无袖，两侧和后身开衩。

所属分类：便装

正式程度：★

适用场合：出行、日常社交、参加活动

折檐帽
折檐帽：帽沿向上翻折，多为毛毡制成。
革带
罩甲
曳撒

△ 定陵出土的万历皇帝罩甲

女衫/袄

明代女子日常性服饰，衣长掩臀或过膝不及脚背，交领、竖领、圆领皆可，大襟或对襟，交领可加护领，多为大袖收袪和直袖，两侧开衩。

所属分类：便装

正式程度：★

适用场合：出行、日常社交、参加活动

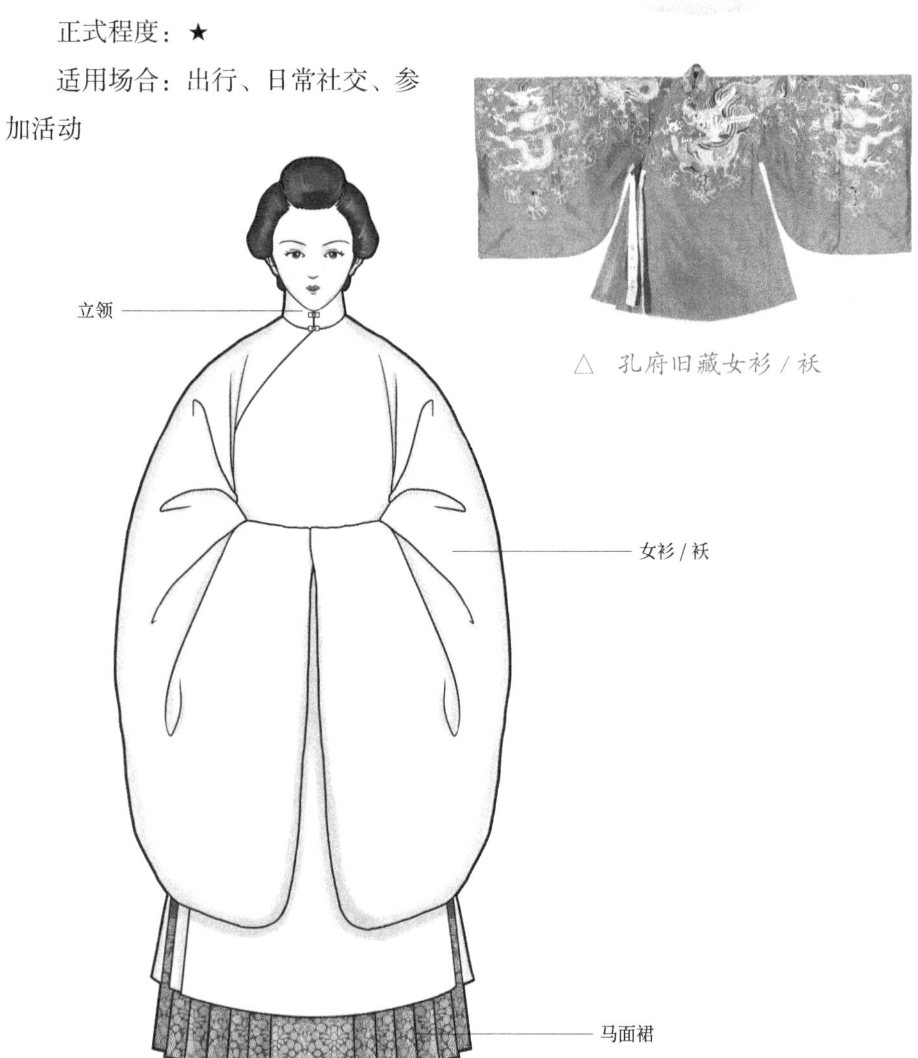

△ 孔府旧藏女衫/袄

比甲

明代女子日常性的罩衣服饰，穿着于女衫 / 袄外。比甲与无袖褙子相似，外形较修长，对襟，圆领或直领，前后左右四开裾，长与衫、袄齐，领、袖笼、裾和摆处镶滚花边。

所属分类：便装

正式程度：★

适用场合：出行、日常社交、参加活动

△ 孔府旧藏比甲

夏季穿纱，凉爽即正义

早在先秦时期，便有了蚕丝织成锦缎后剪裁的衣服，不仅外表看起来亮丽、华美，而且穿在身上也犹如羽毛一般轻盈，且透气性好。相较于普通的棉布或麻布而言，以蚕丝为原料的丝织品，成了当时社会的主流夏装。随着生产技术逐渐成熟和完善，春秋战国时期的丝织品达几十种之多。最重要的是质量也有了很大程度提升。

秦汉时期我国丝织技术继续向前迈进，除了丝织物之外还诞生了提花纹纱和彩色织锦。

据《汉书·江充传》记载："充衣纱縠禅衣"，从这一点可以看出"纱"，其实是丝织物的一个类型。颜师古注："纱，纺丝而织也。轻者为纱，绉者为縠"。大概意思为在纺丝的过程中，质地较轻的被称为"纱"，质地轻薄纤细透亮、表面起皱的为"縠"。

到了唐宋时期，利用纱、罗裁成的夏季服装有个专称——"生衣"，与之相对的则是其他三季所穿的"熟衣"。生衣与熟衣的区分在于加工程序不同，熟衣采用绫、绮等厚实织物，要刷上粉浆，再用石杵反复捣打，称为"捣练"。经过这种处理，织物更会变得经纬紧密、厚而不透风、质地结实、不易脱丝，做成衣服也就更为保暖，并更耐磨耗。相反，生衣免去了捣练的环节，经纬较为稀疏，形成透气的孔眼，因此散热的性能良好。白居易就有《寄生衣与微之，因题封上》一诗，形容他送给元稹的生衣是“浅色縠衫轻似雾，纺花纱袴薄于云”，长衫与裤子都是采用丝织的轻纱，如雾如云。

杜甫著有一首《端午日赐衣》：“宫衣亦有名，端午被恩荣。细葛含风软，香罗叠雪轻。自天题处湿，当暑著来清。意内称长短，终身荷圣情。”诗中说，端午这一天，他作为百官中的一员，享受到获赐精美夏服的福利，对圣恩充满感激。出于皇家工坊的夏衣中既有丝织的轻罗，也包括细软的葛纱。这就触及到一个重要的历史情况，即，在丝织物之外，各种利用植物纤维制成的软纱，同样也是重要的夏季面料。

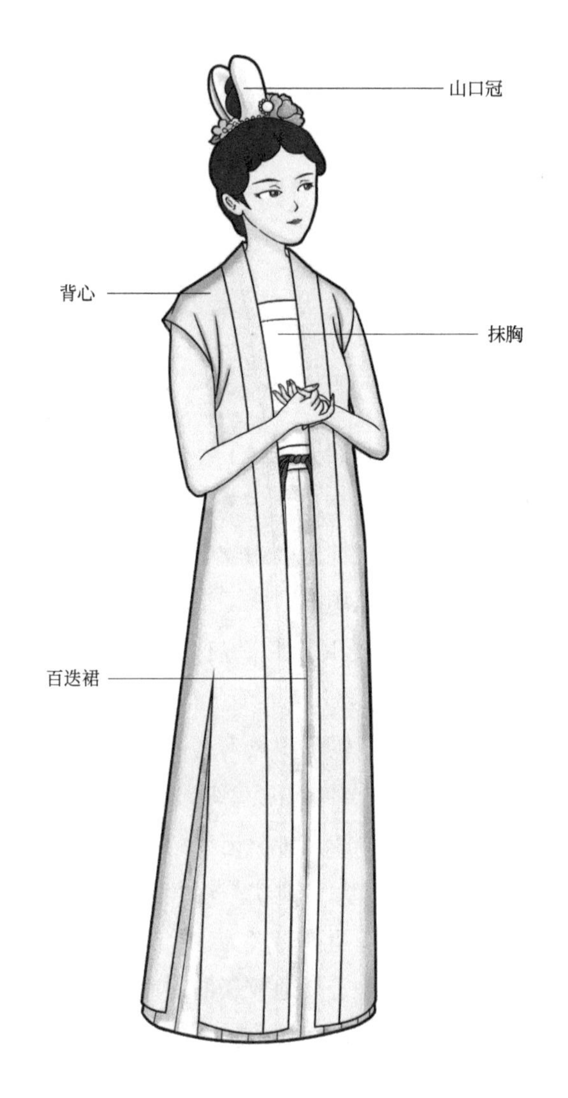

△ 宋代背心的夏季穿搭

裘衣

裘是皮衣，毛向外，所以《说文》在“表”字下说：“古者衣裘以毛为表。”上文说过，贵族穿裘，在行礼或待客时要罩上裼衣以增加服饰的文采。这是因为兽毛外露，通体一个颜色，不好看。例如《周礼·司裘》：“掌为大裘，以共王祀天之服。”郑众注：“大裘，黑羔裘，服以祀天，示质。”所谓质，即朴实无华。

用以做裘的皮毛多种多样，例如狐、虎、豹、熊、犬、羊、鹿、貂，后来还有狼裘、兔裘等。其中狐裘和豹裘最为珍贵，为达官贵人所服，鹿裘、羊裘则最一般。例如《吕氏春秋·分职》：“卫灵公天寒凿池，宛春谏曰：‘天寒起役，恐伤民。’公曰：‘天寒乎？’宛春曰：‘公衣狐裘，坐熊席，陬隅有灶，是以不寒。民则寒矣。’公曰：‘善！’令罢役。”

棉袍

古代袍最早是内穿的，外面还要套上罩衣，正如《礼记·丧大记》中

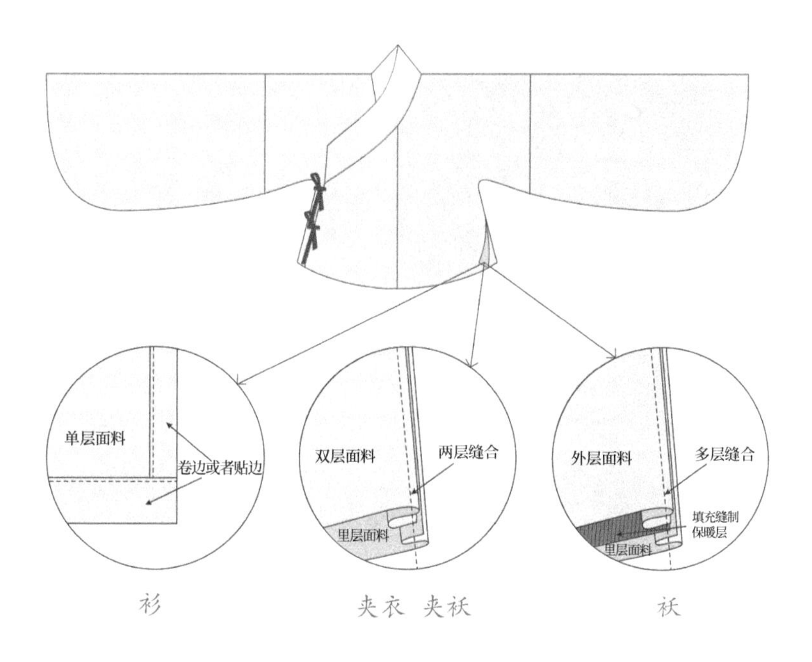

衫　　夹衣　夹袄　　袄

所言“袍必有表”。

东汉训诂学家刘熙在《释名·释衣服》中写道：“袍，苞也；苞，内衣也”。袍是上衣和下裳连成一体的长衣，是在古代“深衣”的基础上演变而来的。

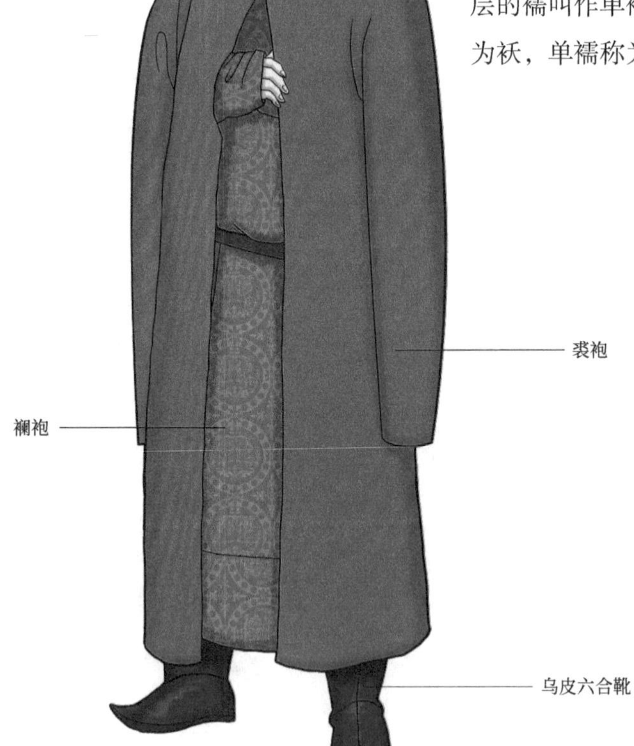
风帽
风帽：御寒挡风的帽子，
后面较长，披在背上。
裘袍
襕袍
乌皮六合靴

△ 唐代御寒所穿的裘袍与风帽

棉袍也有高档与低档之分。如果夹层里所填的是“纩”，即新鲜的高级天然蚕丝絮，就称为“茧”；一般百姓根本用不起这种高档货，他们的棉袍里通常填充的是“缊”，即絮头、细碎枲（xǐ）麻这些粗劣、陈旧的下脚料。

复襦与袄

在唐代以前，夹层的短衣被称为复襦，复襦即双层的襦，冬天时，人们往其中添加鸭毛、蚕丝絮等，而单层的襦叫作单襦。唐代之后，复襦称为袄，单襦称为衫。

汉服在各种礼仪场合的运用*

我们在隆重场合宜穿着礼服，并搭配首服、足服、配饰等。礼服的适用场景为重大节日、庆典等正式场合，按汉服的礼仪场合划分，可分为婚礼、释奠礼、县学祭祀及一般祭祀、成人礼、释菜礼等，特殊礼服有较为固定的款式、搭配及适用场景，不可随意更改。

释奠礼

1. 释奠礼的由来及其发展

古无明文，然舜禹汤文，帝王之师，天下学校祀之则僭，常祀则渎。惟吾孔子之圣，生民未有，自天子达于庶人，均之有师道焉。称曰“至圣先师孔子”，而配享者从祀者礼称先贤先儒，礼有隆杀，祀通天下，盖万世不能易也。

——《泮宫礼乐疏·释奠仪诂》

“释奠礼”一词，出自《礼记》中的《文王世子》篇，书中说：“凡学，春官释奠于其先师，秋冬亦如之。凡始立学者，

---

* 1. 本章根据时代特征将释奠礼、释菜礼、成人礼（冠礼、笄礼）、婚礼分成唐制、宋制、明制。

2. 根据场合人物角色的不同，在礼服的场景里，也有便服或常服作为特定角色的礼服出现。

必释奠于先圣先师”。郑玄注说：“释奠者，设荐馔酌奠而已，无迎尸以下之事。”从仪式上来讲，释奠礼是一种对先圣先师表达敬意，仅用酒做祭的祭礼。

然而最早的释奠礼，并不是祭祀孔子的，周代释奠礼，以舜、禹、汤、文王为先圣，以当时有德之人为先师；汉代将周公、孔子列为先圣，汉建武五年（29年），光武帝遣官至阙里祭祀，从此以后释奠礼成为国家祀典；魏晋南北朝时期，以孔子为先圣，颜渊为先师；到了唐代，在修订《唐六典》之后再将释奠礼列入国家祀典之后，又令各府学、县学行释奠礼，并以此为定制。

2. 释奠礼参与人员

参礼人员分为献官、分献官、执事、乐生、舞生等人。献官七人，即三名主献官，四名分献官；三名主献官主要负责给先师孔子和四配位上香、献帛、献爵等；四名分献官主要负责分别给十哲两庑上香、献帛、献爵等。执事分为赞、奉帛奉爵、司尊、司洗等职，有时还会添加诸如纠仪官（检查监督行礼仪容）、陪祭官（陪同献官祭祀、但不到神位前进献行礼）等人。

赞有通赞和赞引之分。通赞是整场释奠礼的主持者，负责整体仪式的进程。赞引是对献官的祭祀的流程进行引导的人。奉帛奉爵执事负责捧帛爵到神位前，献官献帛爵的时候，奉帛奉爵在一旁侍立，将帛爵分别递给献官。司樽者位于酒樽所，负责将酒从酒尊中取出并倒在酒爵里。司洗者位于盥洗所，负责给路过的献官倒水盥洗。乐生就是负责演奏大成乐章的乐工，舞生是负责跳佾舞的学生。

人物	上衣层次	下衣层次	首服	足服	配饰
献官 / 分献官 / 通赞 / 赞引 / 读祝 / 执事	交领中单—青罗衣	袴—下裳	明式梁冠	黑履	后绶—蔽膝—大带—绦—明式双铊尾革带—玉组佩
乐舞生	衫—衬袍—褡护—葵花补盘领袍	袴	明式无梁梁冠	明式皂靴	明式双铊尾革带

△ 明制释奠礼服饰具体搭配（国子监祀孔，《大明会典》）

3. 释奠礼流程

释奠礼流程大致可分为排班、迎神、奠帛、三献、饮福受胙、撤馔、送神、望瘗等步骤。

排班就是指释奠礼开始时各个祭祀职位的站位。通赞在喊出排班就位后，献官、分献官、陪祭官、执事、乐生、舞生在听到三通鼓后各司其所。

瘗毛血：也叫“瘗血”。古时祭宗庙和孔庙的一种仪式。在正祭前一天杀牲口，用部分毛血贮放于净器中，当正祭时，赞礼官唱“瘗毛血”，由执事者捧毛血瘗于坎中。

迎神，即通过奏乐的方式迎接神灵的到来。献官、分献官和陪祭官要跪拜行礼，表示迎接。

奠帛，即献官将“帛”放入神位前的篚中。

三献，即献官三次在神位前奠献酒爵。并在初献结束之后由读祝官读祝。同时在正位（孔子神位）、四配三献时，分献官要分别前往十哲、两庑神位前行三献之礼。

饮福受胙，即主献官在三献毕，前往饮福位行礼，饮用神位前祭祀用的酒，以及神位前的供品。

撤馔，即挪动笾豆，以示将其撤下。

送神，即通过奏乐的方式送走神灵。

望瘗，在送走神灵之后，奉帛执事将祭祀用的祝文和帛在瘗所焚化，以达天听。

释菜礼

1. 释菜礼的由来及其发展

始立学者，既兴器用币，然后释菜。

——《礼记·文王世子》

在先秦时，释菜礼用于学校祭祀先圣先师以及门神和驱除噩梦，是一种常见且多用的祭祀仪式。先秦学校释菜时又分三种情况：

第一种情况是在创立学校制成礼乐器时举行，“始立学者，既兴器，用币，然后释菜”。

第二种情况是在新生入学时举行，“大学始教，皮弁，祭菜，示敬道也”。

第三种情况是在春天入学时举行。“大胥，掌学士之版，以待致诸子。春，入学，舍采合舞；秋，颁学合声。以六乐之会正舞位，以序出入舞者，比乐官，展乐器。凡祭祀之用乐者，以鼓征学士。”

汉代并无释菜的记载，直到东晋升平二年，豫章王开馆立学，“置生四十人，取旧族父祖位正佐台郎，年二十五以下十五以上补之；置儒林参军一人，文学祭酒一人，劝学从事二人，行释菜礼。”期间战乱频频，已久不行释菜，唐贞观二十一年，才有“皇太子于国学释菜”，直到宋代以后，才又恢复释菜仪节，南宋时，朱熹又带着学生在县学恢复了一场规模宏大的县学释菜，释菜毕后，又在县学举行了乡饮酒礼，并发展成为祭祀先师孔子的一种特定典礼，释菜礼以芹藻之类祭祀先师，到了明代，又将释菜礼进行了简化，不设舞、不设乐，不用牲牢币帛，是一种从简的祭孔礼仪。

2. 释菜礼流程

宋代释菜仪式复杂，与释奠礼无异，祀孔时，同样需要迎接孔子来降，并伴有释菜礼乐，有迎神、三献、分献、送神、望瘗等步骤。

明代仪式简化，在通赞唱完排班之后， 献官、分献官、陪祭官、执事各就其位，准备仪式开始，献官与分献官分别前往正位、四配、十哲及两庑一献成礼。

序号	人物	上衣层次	下衣层次	首服	足服	配饰
1	献官/分献官/通赞/赞引/读祝	宋式交领长衫—宋式公服	袴	宋式展脚幞头	宋式靴	宋式单铊尾革带
2	执事/酒樽所/盥洗所	宋式交领长衫—襈袍	袴	宋式巾帽	宋式靴	宋式双铊尾革带
3	学生	衫—襕衫	袴	宋式巾帽	宋式履	绦

△ 宋制释菜礼服饰具体搭配

序号	人物	上衣层次	下衣层次	首服	足服	配饰
1	献官 / 分献官 / 通赞 / 赞引	衬袍—明式公服	袴	明式展脚幞头	皂靴	明式单铊尾革带
2	执事 / 酒樽所 / 盥洗所	衫—衬袍—褡护—盘领袍	袴	明式巾帽	明式男鞋	绦
3	学生	衫—衬袍—褡护—襕衫	袴	明式巾帽	明式男鞋	绦

△ 明制释菜礼服饰具体搭配

冠礼

古者冠礼，筮日筮宾，所以敬冠事。

——《礼记·冠义》

1. 冠礼沿革

冠礼是男子的成人礼，具体仪式需要族中年长者为刚成年者三次加冠换衣服，冠礼仪式在各代都略有变化。周朝的士依《仪礼·士冠礼》，年二十而行，三加冠服，初加缁布冠；再加皮弁冠，三加爵弁冠。汉代时天子四加，一加进贤冠、二加爵弁冠、三加武弁冠、四加通天冠，而自皇帝以下，都只行一加，一加进贤冠。魏晋以降，直到唐代，民间已久不行冠礼，直到宋代司马光编写《家仪》、朱熹依据《家仪》制定《家礼》，宋代才得以恢复冠礼，一加幅巾，再加帽，三加幞头。及至明代，首兴礼仪，庶人依朱子家礼三加冠服，冠礼在宋明又恢复了生机。

2. 冠礼的一般流程

冠礼发展到了明代，虽设冠礼而不用。明代的士庶冠礼虽由官方制定仪节，但是在民间士庶家庭却极少有人行加冠之礼。流程大致为告祖、戒宾、三加冠服、字辞、醴宾、谒庙等。参礼人员有主人、冠者、主宾、众宾、执事。

告祖，即主人（父亲，父亲没则叔伯代行）带着冠者祭拜祖先，向祖先报告将要进行冠礼。

戒宾，主人邀请主宾（年长有德望的人）前来参加自己儿子的成人礼。

三加冠服，三次更换衣冠以示自己已经长大成人，能够承担相应责任。一加祝辞：令月吉日，始加元服，弃尔幼志，顺尔成德，寿考维祺，介尔景福！二加祝辞：吉月令辰，乃申尔服，敬尔威仪，淑慎尔德，眉寿永年，享受嘏福。三加祝辞：以岁之正，以月之令，咸加尔服，兄弟具在，以成厥德，黄耇无疆，受天之庆！

字辞，即正宾向冠者告知表字。字冠者祝辞：礼仪既备，令月吉日，昭告尔字，爰字某某，髦士攸宜，宜之于嘏，永受保之，曰伯某甫，仲叔季唯其所当！

醴宾，冠礼结束后，主人请主宾饮酒，以示感谢。

谒庙，冠礼结束后，主人领着冠者前往家庙，告诉祖先已经加冠完成。

参礼人员	上衣层次	下衣层次	首服	足服	配饰
冠者	一加冠服：宋式交领长衫—朱子深衣 二加冠服：宋式交领长衫—襕衫 三加冠服：宋式交领长衫—宋式公服	袴	一加冠服：缁冠—幅巾 二加冠服：宋式巾帽 三加冠服：宋式展脚幞头	一加冠服：黑履二加冠服：宋式履 三加冠服：宋式靴	一加冠服：大带—五彩绦 二加五彩绦 三加冠服：宋式单铊尾革带
主人主宾	宋式交领长衫—宋式公服	袴	展脚幞头	宋式靴	宋式双铊尾革带 / 绦
执事通赞	宋式交领长衫—褛袍	袴	宋式巾帽	宋式男鞋	宋式双铊尾革带 / 绦

△ 宋制冠礼具体搭配

序号	人物	上衣层次	下衣层次	首服	足服	配饰
1	冠者	一加冠服：衬袍—明式深衣 二加冠服：衫—衬袍—褡护—襕衫 三加冠服：衫—衬袍—褡护—明式公服	袴	一加冠服：缁冠—幅巾 二加冠服：儒巾 三加冠服：明式展脚幞头	一加冠服：黑履二加冠服：明式履 三加冠服：明式靴	一加冠服：大带—五彩绦 二加五彩绦 三加冠服：明式单铊尾革带
2	主人 主宾	衫—衬袍—褡护—盘领袍	袴	明式巾帽	明式靴	绦
3	执事 通赞	衫—衬袍—褡护—道袍	袴	明式巾帽	明式男鞋	绦

△ 明制冠礼具体搭配

笄礼

女子十有五年许嫁，笄而字。

——《礼记·杂记》

1. 笄礼沿革

冠礼是男子的成人礼，而笄礼则是女子成人礼。笄礼起源于周，但它的具体仪式却在文献中鲜有记载。大都认为笄礼仿照冠礼而进行，只是根据性别、重要性而有所不同。此后一直到宋代才根据《礼记》等典籍构拟出详细的笄礼形式，宋代士庶女子笄礼多安排在清明前两日举行。《梦粱录》中说：“清明交三日，节前两日谓之寒食……凡官民不论小大家，子女未冠笄者，以此日上头”。到了明代，笄礼即废而不用，并逐渐与婚礼合并，成为婚礼的一环。

人物	上衣层次	下衣层次	首服	足服
笄者	一加冠服：抹胸—对襟衫—背子	袴—裙	笄	宋式女鞋
主人 主宾	抹胸—对襟衫—背子	袴—裙	宋式发饰	宋式女鞋
执事 通赞	抹胸—交领对襟短衫—衫 / 袄	袴—裙	宋式发饰	宋式女鞋

2. 笄礼的一般流程

在《朱子家礼》的笄礼中，除了主妇主持外，还需邀请女宾来为自己举行仪式。人员要求比较灵活。笄者的祖母、母亲以及婶婶、嫂子等，只要是笄者的家长，都可以充当主妇的角色。而女宾的要求，则是选择亲戚中贤惠的女性。女子笄礼对于冠礼而言，流程要简单得多，冠礼行于庙，而笄礼行于厅，没有告祖的环节，仅行一加之礼，字辞过后，主妇醴宾，笄礼就完成了。

人物	上衣层次	下衣层次	首服	足服
笄者	一加冠服：抹胸—对襟衫—背子	袴—裙	笄	宋式女鞋
主人 主宾	抹胸—对襟衫—背子	袴—裙	宋式发饰	宋式女鞋
执事 通赞	抹胸—交领对襟短衫—衫 / 袄	袴—裙	宋式发饰	宋式女鞋

△ 宋制笄礼具体搭配

人物	上衣层次	下衣层次	首服	足服	配饰
笄者	一加冠服：衫 / 袄—女式盘领补服 / 女式云肩通袖袍 / 鞠衣—大衫霞帔	袴—马面裙	明式女礼冠	明式女鞋	明式双铊尾革带
主人 主宾	衫—立领衫 / 交领衫	袴—马面裙	明式发饰	明式女鞋	
执事 通赞	衫—立领衫 / 交领衫	袴—马面裙	明式发饰	明式女鞋	

△ 明制笄礼具体搭配

婚礼

昏礼者，将合二姓之好，上以事宗庙，而下以继后世也，故君子重之。昏礼是以纳采、问名、纳吉、纳征、请期、迎亲，皆主人筵几于庙，而拜迎于门外。入，揖让而升，听命于庙，所以敬慎重正昏礼也。

——《礼记·昏义》

1. 婚礼沿革

婚礼，古称昏礼，婚礼的仪节，用六礼来概括。六礼，指从议婚至完婚过程中的六种礼节，即纳采、问名、纳吉、纳征、请期、亲迎。这一娶亲程序，周代即已确立，最早见于《礼记·昏义》。以后各代大多沿袭周礼，但名目和内容有所更动。汉平帝元始三年曾命刘歆制婚仪。汉宣帝时，颁布《嫁娶不禁具酒食诏》，从此以后婚礼才开始变得热闹起来，并逐渐加入民俗的内容。汉朝以后至南北朝，皇太子成婚无亲迎礼。而从东汉至东晋更是因社会动荡，顾不得六礼，仅行拜时（拜公婆）之礼，连合卺仪式也不要了。直到隋唐，皇太子才恢复行亲迎礼，帝室成婚也照六礼行事。宋代官宦贵族仍依六礼，民间则嫌六礼繁琐，仅行四礼，省去问名和请期，分别归于纳采和纳征。《朱子家礼》又省掉了纳吉，仅取三礼，三礼也成为明代的定制。

2. 婚礼的一般流程

纳采

男方派媒人正式向女家求婚叫纳采。从汉代起，纳采礼就已经不仅限于雁了。奢靡之风渐兴，纳采礼依身份的不同而异。百官纳采礼有三十种，且都有不同的象征意义，如羊、香草、鹿，取其吉祥，以寓祝颂之意；而以胶、漆、合欢铃、鸳鸯、凤凰等用来象征夫妇好合之意；或取各物的优点美德以激励劝勉夫妇，如蒲苇、卷柏、舍利兽、受福兽、鱼、雁、九子妇等。隋唐曾规定聘礼的定制，自皇子王以下至于九品皆同，标准为：雁一只。羔羊一只，酒黍稷稻米面各一斛。

问名

询问女方名字和生辰八字。《宋史·礼志》规定宋朝礼制："士庶人婚礼，并问名于纳采，并请期于纳征。"问名一礼俗在宋时还叫"系臂"。《新编事文类聚·翰墨全书乙集四》中说："婚礼，古有六礼，文公家礼务从简便。自议婚而下，首日纳采，问名附焉；次日纳币，请期附焉；次日亲迎。纳采即今之系臂，纳币即今之定聘，请期即今之催妆，到亲迎则婚礼成矣。"

纳吉

男方问名、合八字后，将卜婚的吉兆通知女方，并送礼表示要订婚的礼仪。

纳征

男方向女方送聘礼。《晋书·志十一》："太康八年，有司奏：婚礼纳征，大婚用玄纁束帛，加珪，马二驷。王侯玄纁束帛，加璧，乘马。大夫用玄纁束帛，加羊。"宋代所用礼物不再遵循周制，金银绫绢，各依等级而定。明代聘礼提倡节俭。《明史·志三十一》品官婚礼："纳征如吉仪，加玄纁，束帛，函书，不用雁。"

请期

即由男家择定结婚佳期，用红笺书写男女生庚（请期礼书），由媒妁携往女家，和女家主人商量迎娶的日期。

亲迎

新郎亲自迎娶新娘回家的礼。"夏亲迎于庭，殷于堂。周制限男女之岁定婚姻之时，亲迎于户。北朝亲迎中有催妆之俗，有夫家百余人挟车，俱呼‘新妇催出来’，其声不绝，登车乃止，并结青庐行交拜礼之载。”（出自《唐通典》）唐代迎新妇，要以粟三升填臼，用席一张盖井，果三斤塞窗，箭三支置户上。新娘上车，新郎骑马绕车三匝。新妇入门，舅姑以下皆从便门出，再从正门入，新妇入门，先拜猪栏，灶头，再夫妇并拜或共同结镜纽。宋代其仪式更加繁复，有挂帐，催妆，起担子，撒谷豆，踏席，跨鞍，牵红，坐富贵，撒帐等俗，大都含驱恶祛邪，祈求吉祥之意。（见南宋吴自牧《梦梁录·嫁娶》）明代沿袭此俗。

亲迎是六礼中的正婚礼部分，又包含了告祖、醮子、奠雁、沃盥、交拜、同牢、合卺等一系列仪节。

人物	上衣层次	下衣层次	首服	足服	配饰
新郎	盘领衫—交领中单—绛纱袍	袴—衬裙—荷叶边外裙	平巾帻— 笼冠	唐式男鞋	后绶—蔽膝—假带—玉组佩
新娘	盘领衫—交领中单—交领大袖上衣—披帛	袴—衬裙—荷叶边外裙		唐式女鞋	后绶—蔽膝—假带—玉组佩
新郎父 新娘父	盘领衫—唐式半臂—唐式盘领襕袍	袴	唐式幞头	乌皮六合靴	唐式革带
新郎母 新娘母	衫—大袖衫 / 大袖袄	袴—交窬裙 / 裥裙		唐式女鞋	
侍女	直领短衫 / 直领短袄（单层为衫，双层为袄）	袴—交窬裙		唐式女鞋	
侍者 通赞	盘领衫—唐式半臂—唐式盘领缺胯袍	袴	唐式幞头	乌皮六合靴	唐式革带

△ 唐制传统婚礼服饰具体搭配

人物	上衣层次	下衣层次	首服	足服	配饰
新郎	宋式交领长衫—宋式盘领公服	袴	展脚幞头	宋式靴履	宋式单铊尾革带
新娘	抹胸—长背子—大衫—霞帔	袴—百迭裙 / 两片裙	宋式女冠	宋式女鞋	
新郎父 新娘父	宋式交领长衫—襕袍 / 宋式公服	袴	宋式男巾帽	宋式男鞋	宋式双铊尾革带 / 绦
新郎母 新娘母	抹胸—长背子—大衫—霞帔	袴—百迭裙 / 两片裙	宋式女冠	宋式女鞋	
侍女	抹胸—对襟衫—背子	袴—两片裙 / 百迭裙	宋式女冠	宋式女鞋	
侍者 通赞	宋式交领长衫—襕袍 / 宋式公服	袴	宋式男巾帽	宋式男鞋	宋式双铊尾革带 / 绦

△ 宋制传统婚礼服饰具体搭配

人物	上衣层次	下衣层次	首服	足服	配饰
新郎	衫—衬袍—褡护—道袍 / 盘领补服 / 男盘领云肩通袖膝襕袍	袴	明式巾帽	明式靴履	绦（道袍）/ 明式双铊尾革带
新娘	衫—立领衫 / 交领衫盘领云肩通袖膝襕袍 / 圆领补服 / 大衫霞帔	袴—马面裙	明式发饰	明式女鞋	明式铊尾革带
新郎父 新娘父	衫—衬袍—褡护—道袍 / 盘领袍	袴	明式巾帽	明式靴履	绦
新郎母 新娘母	衫—立领衫 / 交领衫—盘领云肩通袖膝襕袍 / 盘领补服 / 大衫霞帔	袴—马面裙	明式发饰	明式女鞋	明式双铊尾革带
侍女	衫—立领衫 / 交领衫	袴—马面裙	明式发饰	明式女鞋	
侍者 通赞	衫—衬袍—褡护—道袍 / 盘领袍	袴	明式巾帽	明式靴履	无配饰 / 绦

△ 明制传统婚礼服饰具体搭配

汉服与西方服饰的共同性——以蔽膝与交领为例

蔽膝是远古服饰的遗存，从上古时期一直延续到明代。其形制类似一块长方形的围裙，围在身前。蔽膝也被称为“韠”，看偏旁就知道，早期蔽膝以皮革制成。在纺织技术发展之后，多以布帛制成。《说文》曰：“韠，蔽膝也。”《释名》曰：“韠，蔽也，所以蔽膝前也，妇人蔽膝亦如之。”我们可以看到，早在商周时期人俑雕刻的身上，就有蔽膝的存在。最早的蔽膝是有实用意义的，远古时期纺织技术不发达，多用兽皮做成衣服，做成对襟样式在身前交叠，类似后世的“对穿交”（对襟穿成交领），这种形制的衣服因为宽幅的原因，在行动时很容易“走光”，于是，为了保暖和遮羞，先民们便使用一块兽皮遮挡在裆部，这便是蔽膝的源头。

商代时，纺织技术得到发展，服饰变得复杂，但是人们依旧穿着对襟的服饰，因此蔽膝仍有其实用意义。到了周代，出现了“续衽”（在身前接一块布料）的服饰，身前有了遮蔽之后，蔽膝便不再具有实际意义，而是作为一种配饰保存了下来，在周代的服饰上可以

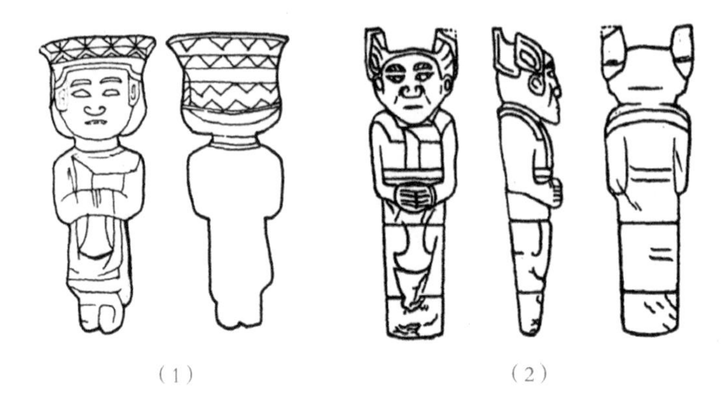

△ 洛阳东郊西周墓出土玉人

看到这种传承关系。周代以后，蔽膝的形式基本确立，作为冕服、朝服、祭服这些高等级礼服上的固定搭配出现。

那么蔽膝最早在什么时候出现的？由于资料的缺失，现在已无法考证了。一个外国的考古发现，可能为我们揭示了“蔽膝”的更多信息。1991 年 9 月，德国登山客西蒙夫妇在意大利境内的阿尔卑斯山探险，意外发现了一具 5300 年前的木乃伊，轰动一时。

这具木乃伊被取名为奥兹冰人，因为低温的缘故，奥兹冰人保存得非常完好，其携带的器具和服装也保存完整，为后世的人了解先民服饰提供了重要的线索。

通过对奥兹冰人所穿服饰的研究，研究人员绘制了效果图，以其穿着的层次可以发现，其穿着有一块皮质的结构，用以遮蔽私密部位，和中国记载中的“韠”，以及商周玉人雕刻上的蔽膝极为相似。

除了蔽膝，交领的特征也是与世界其他国家，尤其是西方服饰系统中的高纬度地区极为相似的地方。从遮衣蔽体的出发，交领的衣着方式更具有其保暖性和防护性，所以不论中外的服饰发展，在最早制作服饰款式的时候，有着服饰共同的趋同演化特征。而不同的是，中国在很早的时候，就已经建立了服饰体系，并与文化相融合。而西方服饰体系中的交领，则仅仅是作为其中一种款式出现。

汉服交领的发展

远古时代

纺织技术不发达，以兽皮为主要材料，结构原始，此时为粗糙的对襟式样、无领。

奥兹冰人复原图

夏–商代

纺织技术得到发展，使用各种编织物作为面料，此时的领型为直领对襟，胸口交叠穿成交领，因为布幅宽度原因，衣服还无法做的很宽大，所以需要蔽膝，围裳进行下身的遮蔽。

殷墟出土商代陶人

西周

纺织技术得到进一步发展，在对襟上接一块布料遮蔽前身，即为“继衽”，是后世褛衽的凿觞，此时的领型看起来像曲尺，被称为矩领。

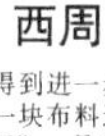

洛阳出土西周人俑形车辖（左）
洛阳东郊西周墓出土玉人（右）

东周

随着纺织技术的进步，服装体系逐渐完善，开始出现较大布幅，接衽开始下移，后世所熟知的交领形态开始出现。

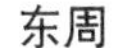

洛阳金村大墓出土东周玉人

秦汉

服饰体系已经成型，交领的形态已经成熟，在马王堆汉墓出土的一件直裾型素纱禪衣上，是上古续衽的最后遗存。

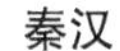

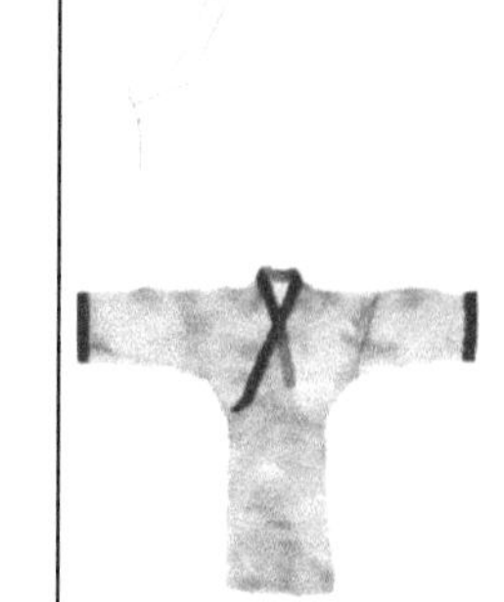

长沙马王堆汉墓出土素纱禪衣

由此可以推测出，早期的人类文明在迁徙过程中，由于相似的生产生活方式，在例如服饰、器具、宗教等方面，具有很多的共性。中华文明从远古传承至今，和我们极其重视文化传承有极大的关系。而最直观的便是服饰文化，无论蔽膝还是交领，都可以看出先民们在懂得如何遮衣蔽体，达到生活所需之后，便开始给服饰赋予更丰富的文化，一个小小部件跨越了数千年之久，见证了中华文明从蛮荒原始走向了文明昌盛。如管中窥豹，中华文明的源远流长，可见一斑。

汉服，说起来似乎是服装的一个品类，但汉服绝不仅仅只是服装这么简单，其还蕴含着深刻的历史沉淀和人文内涵，是中国传统文化的重要组成部分。细究起来，研究汉服要涉及服装学、设计学、考古学、历史学等多个学科，彼此之间互有联系又各有深度。

然而一直以来，汉服的知识获取较为复杂，大部分是网络上的人云亦云，各种谬误自不必说。也有许多人在不断地考证、修改、挖掘，力图还原和重构正确的汉服体系。我们在编写过程中，也在线上线下查阅了诸多资料，在此感谢那些坚持研究的人，你们的坚持是汉服不断进步的动力。同时也要感谢分享知识的人，知识因为传播才有价值!

汉服体系何其庞大，所涉及的知识又何其繁杂，有太多太多的内容无法一一为各位读者讲述，正所谓“弱水三千，只取一瓢”，本书所传播的，只是知识海洋中的小小一滴，希望能够以此为引，启发读者们对于汉服的兴趣，帮助读者建立起基本的汉服认知，以及尽可能多地传播正确的汉服知识。若有谬误，还望各位读者斧正、海涵!

唐侯翔

2022 年 7 月 8 日

参考文献

孙希旦. 礼记集解［M］. 北京：中华书局，1989.

孙诒让. 周礼正义［M］. 北京：中华书局，2013.

张廷玉. 明史［M］. 北京：中华书局，2014.

沈从文，王予予. 中国服饰史［M］. 西安：陕西师范大学出版社，2004.

徐蕊. 汉代服饰的考古学研究［M］. 郑州：大象出版社，2016.

董进. Q版大明衣冠图志［M］. 北京：北京邮电大学出版社，2011.

刘乐乐. 从深衣到深衣制［J］，文化遗产，2014（5）：111—119.

李影. 浅论深衣的起源与其历史发展［J］，山东纺织经济，2016（5）：31—33.

鲍怀敏. 儒服深衣的性质变化与款式特征研究［J］，古今论坛，2012（2）：89—91.

蒋黎. 浅析汉朝服饰曲裾深衣的结构特征［J］，明日风尚，2017（22）：370—358.

李怡. 唐代文官朝服与公服使用礼仪变迁之探研［J］，设计艺术研究，2012（6）：96—124.

李薨. 翟衣制度的源于流［J］. 美术与设计，2017（4）：75—79

李怡. 唐代官员袴褶服源流详考［J］. 服饰导刊，2016（2）：21—28.

王旭晓. 汉代服饰日常研究［J］. 服饰导刊，2013（2）：6—12.

赵兰香. 汉代戍边士卒衣装试考［D］. 兰州：西北大学文学院，2006.

张玉安．魏晋南北朝裲裆衫研究［D］．北京：北京服装学院，2012．

王丽娜．唐朝女子襦裙服之演变［J］．宁夏大学学报，2013（5）．

黄艳波，徐军，张华君．商周服饰初探［J］．西安工程学院学报，2002（3）．

齐志家．江陵马山楚墓袍服浅析［J］．武汉纺织大学学报，2012（2）．

西塘古镇

环秀桥
桥风来子送
西园